全彩
升级版

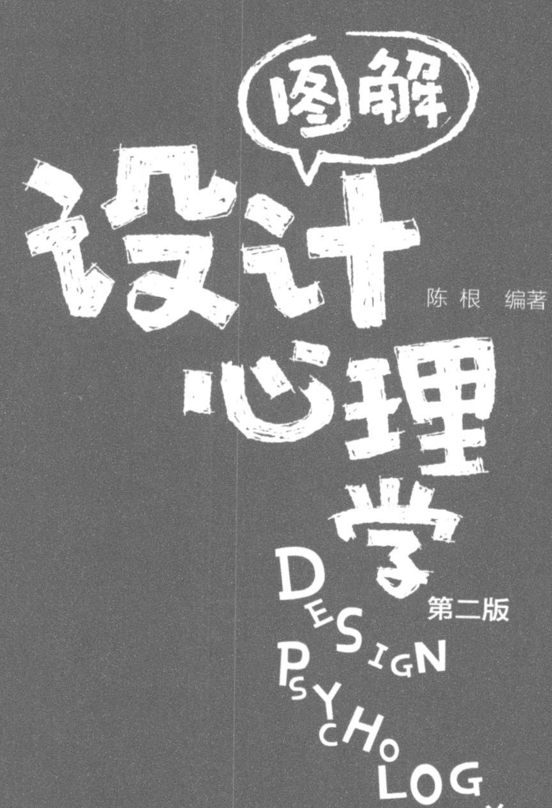

陈根 编著

化学工业出版社
·北京·

图书在版编目（CIP）数据

图解设计心理学：全彩升级版/陈根编著.—2版.—北京：化学工业出版社，2019.3（2024.8重印）

ISBN 978-7-122-33743-6

Ⅰ.①图… Ⅱ.①陈… Ⅲ.①产品设计-应用心理学-图解 Ⅳ.①TB472-05

中国版本图书馆CIP数据核字（2019）第010096号

责任编辑：王 烨 项 潋
责任校对：宋 夏

文字编辑：谢蓉蓉
装帧设计：尹琳琳

出版发行：化学工业出版社（北京市东城区青年湖南街13号 邮政编码100011）
印 装：涿州市般润文化传播有限公司
710mm×1000mm 1/16 印张15½ 字数333千字 2024年8月北京第2版第4次印刷

购书咨询：010-64518888
售后服务：010-64518899
网 址：http://www.cip.com.cn
凡购买本书，如有缺损质量问题，本社销售中心负责调换。

定 价：89.00元

前言
FOREWORD

设计是什么？我们常常把“设计”两个字挂在嘴边，比方说那件衣服的设计不错，这个网站的设计很有趣，那张椅子的设计真好用……设计俨然已成日常生活中常见的名词了。感觉上人们即使不懂设计，还是喜欢拿这两个字出来说一下。但是如果随便找个人问：“设计是什么？”可能没几个人回答得出来吧？

设计是一门综合性极强的学科，它涉及社会、文化、经济、市场、科技、伦理等诸多面的因素。随着生产力的发展，人类生活形态不断演进，在经历了以土地为重要资源的农业经济时代，以产品为主服务为辅为企业获得利润的制造经济时代，以服务为主为企业获利的服务经济时代，我们迎来了体验经济时代。设计领域的体验渐趋多元化，然其最终的目标却是相同的，就是提供人类舒适而有质量的生活。

传统的消费观关注的是物，只要能够充分发挥物质效能的设计就是好的设计。而当今世界，了解人们的情感需求和情感渴望变成了品牌经营成功的关键之所在，企业经营者必须采取明确的步骤与消费者建立更加强大的联系。设计越向高深的层次发展，就越需要设计心理学的理论支持。企业通过设计心理学研究可以了解用户与产品有关的生活方式、情感生活、行为方式、各种使用环境和情景、用户的想象、用户的期待、用户的喜好等，通过调查分析出用户的价值观念、需要、使用心理，还可以了解用户使用产品的操作过程和思维过程，从而发现用户真实需要。

今天的每个企业或品牌都应牢记：产品开发应是做未来时，而不是现在时和过去时；是刺激消费者的情感需求，而不是附和消费者的生存需要。企业应当在人们需要的时候，通过激动人心的场合，以一种迅速反应的方式将人们内心渴望的产品送到他们面前，而这一切都需要设计师充分发挥设计心理学的巨大功效，这同样是本书立意的根源。

本书从设计认识、人的感知架构、人的认知层次与模型、人的审美心理、产品设计中色彩的设计心理认知、设计心理学研究、创新设计思维、情感化设计、交互设计及案例集锦十个方面系统阐述了设计心理学的重点理论和方法，以期对产品设计提供借鉴，带来启发。

本书图文并茂，案例典型实用，紧跟设计流行趋势，可以作为企业品牌形象和产品设计战略研究的参考书；可作为从事产品设计、广告宣传、品牌管理、形象管理、营销策划等相关人员的工作指导书；可作为高校广告、心理学、营销、管理等专业的教材，对研究和学习产品设计或设计管理的高校师生及其他人员予以启迪和帮助；还可作为营销咨询公司、设计公司、策划公司等相关从业人员的工作指南。

本书由陈根编著。陈道双、陈道利、林恩许、陈小琴、陈银开、卢德建、张五妹、林道娒、李子慧、朱芋锭、周美丽等为本书的编写提供了很多帮助，在此表示深深的谢意。

由于作者水平及时间所限，书中不妥之处，敬请广大读者及专家批评指正。

编著者

2019年1月

目录
CONTENTS

1. 设计认识
SHE JI REN SHI

在以科学探究设计之前，请想想“设计”究竟是什么东西？我们常常把设计挂在嘴边，但是仔细思考之后，却很难说明它的意义。本章将列举设计的诞生背景和容易搞混的名词，试着整理出设计的真正意义。

1.1 设计概论

1.1.1 设计是什么

设计是什么？我们常常把“设计”两个字挂在嘴边，比方说那件衣服的设计不错，这个网站的设计很有趣，那张椅子的设计真好用……设计俨然已成日常生活中常见的名词了。感觉上人们即使不懂设计，还是喜欢拿这两个字出来说一下。

但是如果随便找个人问：“设计是什么？”可能没几个人回答的出来吧？

“表现形状与颜色的方法？”这种模棱两可的答案实在很难解释设计的本意。“设计”就是这样一个名词。

从服装设计、汽车设计、海报设计等来看，设计大体来说就是思考图案、花纹、形状，然后加以描绘或输出。目前广泛用来表示产品的形状（外观）。

“设计”这个名词，英文是“design”，意思是“以符号表示想传达的事情（计划）”。从设计一词的来源，可以知道设计原本不是指形状，而是比较偏向计划。当工业时代来临，人类可以大量生产物品之后，必须先提出计划，说明制作过程及成品形式。目前设计在企业制造产品的过程中也是不可或缺的主角。设计不但可以与其他公司的商品做出区别，也是展现企业形象的工具。

而生涯规划中的规划，也有“设计”生活的意义，人类不能光靠行动过活，要从经济与健康两方面来拟订人生计划，并付诸实行才对。

不方便、不好用的东西都可以借着设计的力量获得解决，设计是用来解决问题的好工具。所以设计是“人之所以为，人所不可或缺的元素之一”。

综上所述，“设计”既可以指一个活动（设计过程），也可以是这一个活动或过程的结果（一个计划或一种形态）。

国际工业设计学会理事会（ICSID），这个把全世界专业设计师协会聚集在一起的组织对设计提出了如下定义：设计是这样一项创造性活动——确立物品、过程、服务或其系统在整个生命周期中多方面的品质。因而，设计是技术人性化创新的核心因素，也是文化和经济交换的关键因素。

设计寻求发现和评估与下列任务在结构、组织、功能、表现和经济方面的关系。

① 增强全球可持续性和环境保护（全球伦理）。

② 赋予整个人类以利益和自由（社会伦理）。

③尽管世界越来越全球化，但支持文化的多样性。

④ 赋予产品、服务和系统这样的形态：具有一定表现性（语义学的）、和谐性（美学的）和适当的复杂性。

设计是一项包含多种专业的活动，包括产品设计、服务设计、平面设计、室内设计和建筑设计等。

这个定义的优势在于，它避免了仅仅从输出结果（美学和外观）的观点来看待设计的误区，它强调创造性、一致性、工业品质和形态等概念。设计师是具有卓越的形态构想能力和多学科专业知识的专家。

另外一个定义使得设计的领域更接近于工业和市场。

美国工业设计师协会（IDSA）定义：工业设计是一项专业性服务，它为了用户和制造商的共同利益，创造和发展具有优化功能、价值、外观的产品和系统的概念及规格。

这个定义强调了设计在技术、企业与消费者之间协调的能力。

在设计事务所中专门为企业和其品牌做包装和平面设计的设计师，更倾向于采用将设计、品牌和战略联系在一起的定义。

① 设计与品牌：设计是品牌链中的一环，或者是向不同公众表达品牌价值的一种手段。

② 设计与企业战略：设计是一种能够使企业战略可视化的工具。

设计是科学还是艺术，这是一个有争议的问题，因为设计既是科学又是艺术，设计技术结合了科学方法的逻辑特征与创造活动的直觉和艺术特性。设计架起了一座艺术与科学之间的桥梁，设计师把这两个领域互补的特征看成是设计的基本原则。设计是一项解决问题的具有创造性、系统性以及协调性的活动。管理同样也是一项解决问题的具有系统性和协调性的活动（Borja de Mozota，1998）。

正如法国设计师罗格·塔伦（Roger Tallon）所说，设计致力于思考和寻找系统的连续性和产品的合理性。设计师根据逻辑的过程构想符号、空间或人造物，来满足某些特定需要。每一个摆到设计师面前的问题都需要受到技术制约，并与人机学、生产和市场方面的因素进行综合，以取得平衡。设计领域与管理类似，因为这是一个解决问题的活动，遵循着一个系统的、逻辑的和有序的过程，如表1.1所示。

表 1.1　设计的定义及特征

特征	设计定义	关键词
解决问题	“设计是一项制造可视、可触、可听等东西的计划。” ——彼得.高博（Peter Gorb）	计划制造
创造	“美学是在工业生产领域中关于美的科学” ——丹尼斯.胡斯曼（D. Huisman）	工业生产美学
系统化	“设计是一个过程，它使环境的需要概念化并转变为满足这些需要的手段。” ——A. 托帕利安（A. Topalian）	需求的转化过程
协调	“设计师永不孤立，永不单独工作，因而他永远只是团体的一部分。” ——T. 马尔多纳多（T. Maldonado）	团队工作协调
文化贡献	明日的市场，消费性的商品会越来越少，取而代之的将是智慧型，且具有道德意识，意即尊重自然环境与人类生活的实用商品。 ——菲利普.斯塔克（P.Stark）	语义学文化

设计是一门综合性极强的学科，它涉及社会、文化、经济、市场、科技、伦理等诸多面的因素，其审美标准也随着这些因素的变化而改变。设计学作为一门新兴学科，以设计原理、设计程序、设计管理、设计哲学、设计方法、设计批评、设计营销、设计史论为主体内容建立起了独立的理论体系。设计既要具有艺术要素又要具备科学要素，既要有实用功能又要有精神功能，是为满足人的实用与需求进行的有目的的视觉创造。设计既要有独创和超前的一面，又必须为今天的使用者所接受，即具有合理性、经济性和审美性。设计是根据美的欲望进行的技术造型活动，要立足于时代性、社会性和民族性。

设计艺术，表明了设计与艺术的天然联系，设计不能只是理性工具的设计，还必须是美的设计。设计不仅要满足人的物质需要，也要满足人的精神需要，特别是对美的需要。设计是一个有机的系统，它一方面要使设计的产品具有一定的使用功能，另一方面又需要有一定的美感供人们去欣赏，与人的审美心理达到一种和谐。

1.1.2　设计的分类

如今，随着科学技术的不断进步，设计随着现代工业的发展和社会精神文明的提高，并且在人类文化、艺术及新生活方式的增长和需求下发展起来，它是一门集科学与美学、技术与艺术、物质文明与精神文明、自然科学与社会科学结合的边缘学科。

设计是相当多元化的领域，亦是技术的化身，同时也是美学的表现和文化的象征。设计行为是一种知识的转换、理性的思考、创新的理念及感性的整合。设计行为所涵盖的范围相当广泛，举凡与人类生活及环境相关的事物，都是设计行为所要发展与改进的范围。在20世纪

90年代前，一般在学术界中将设计的领域归纳为三大范围：产品设计、视觉设计与空间设计。这是依设计内容所定出的平面、立体与空间元素之综合性分类描述。但到了20世纪90年代后，由于电子与数字媒体技术的进步与广泛应用，设计领域自然而然地又产生了“数字媒体”领域，使得在原有的平面、立体和空间三元素外，又多出了一项四度空间之时间性视觉感受表现元素。此四种设计领域各有其专业的内容、呈现的样式与制作的方法。

随着人类生活形态的演进，设计领域的体验渐趋多元化，但其最终的目标却是相同的，就是提供人类舒适而有质量的生活。例如，产品设计就是提供人类高质量的生活机能，包括家电产品、家具、信息产品、交通工具和流行商品等；视觉设计就是提供人类不同的视觉效果，包括包装设计、商标、海报、广告、企业识别和图案设计等；空间设计则可提升人类在生活空间与居住环境的质量，其中包括室内、展示空间、建筑、橱窗、舞台、户外空间设计和公共艺术等。而数字媒体更是跨越了二度及三度空间之外另一个层次的心灵、视觉、触觉和听觉的体验。其中包括：有动画、多媒体影片、网页、可穿戴、虚拟现实等内容。

林崇宏在其所著的《设计概论——新设计理念的思考与解析》指出，设计领域的多元化，在今日应用数字科技所设计的成果中，已超乎过去传统设计领域的分类。21世纪社会文化急速的变迁，让设计形态的趋势也随之改变。在新科技技术的进展下，新设计领域的分类必须重新界定，大概分为工商业产品设计（industrial and commercial product design）、生活形态设计（lifestyle design）、商机导向设计（commercial strategy design）和文化创意产业设计（cultural creative industry design）四大类，见表1.2。

表1.2　21世纪新设计领域的分类

设计形式	设计的分类	设计参与者
工商业产品设计	电子产品：家电用具、通信产品、计算机设备、网络设备 工业产品：医疗设备、交通工具、机械产品、办公用品 生活产品：家具、手工艺品、流行产品、移动电话用品 族群产品：儿童玩具、残障者用具	工业设计师 软件设计师 电子设计师 工程设计师
生活形态设计	休闲形态：咖啡屋、KTV、PUB 娱乐形态：网络上线、购物、交友、电动玩具 多媒体商业形态：电子邮件、商业网络、网络学习与咨询、行动电话网络	计算机设计师 工业设计师 平面设计师
商机导向设计	商业策略：品牌建立、形象规划、企划导向 商业产品：电影、企业识别、产品发行、多媒体产品 休闲商机：主题公园、休闲中心、健康中心	管理师 平面设计师 建筑师
文化创意产业设计	社会文化：公共艺术、生活空间、公园、博物馆、美术馆传统艺术、表演艺术、古迹维护、本土文化、传统工艺 环境景观：建筑、购物中心、游乐园、绿化环境	艺术家 建筑师 环境设计师 工业设计师

1.2 设计心理学

1.2.1 设计心理学的研究对象

心理学是研究人的心理现象及其发生、发展变化规律的科学。人的心理现象是非常复杂的，其表现形式也是多种多样的，但为了研究方便，我们一般把它分为既相互区别又相互联系的两个方面，即心理过程和个性心理。

（1）心理过程

心理过程又叫心理活动，是心理发生、发展的过程。心理过程一般都要经历发生、发展和结束的不同阶段。根据心理过程的形成和作用，可将其分为认识过程、情感过程和意志过程三个方面，简称知、情、意。

① 认识过程。认识过程是人的基本的心理过程，是个体获取知识和运用知识的过程，是对作用于人的感觉器官的外界事物进行信息加工的过程，它包括感觉、知觉、记忆、思维、想象等。注意是人的心理活动或意识对一定事物的指向和集中。注意本身并不是一种独立的心理过程，它只是人的心理活动的一种伴随状态。在感知、记忆、思维、想象等认知过程中都有注意现象。

② 情感过程。人在认识和改造客观世界时，并不是无动于衷的。人们不仅要认识周围世界，还在认识过程的基础上对这个世界产生了这样或那样的态度，体验着喜、怒、哀、乐等情绪情感，有时感到高兴和喜悦，有时感到气愤和憎恶，有时感到悲伤和忧虑，有时感到幸福和爱慕等（图1.1）。情绪和情感是人脑对客观事物是否符合人的需要而产生的主观体验。

图1.1 人的不同情感表现

③ 意志过程。人们不仅在不断认识世界，产生情感体验，还在实践活动中改造世界。人们在社会实践活动中，拟订实践计划，做出决定，执行决定以及为达到目的而克服各种困难等心理活动，在心理学中称为意志过程。简而言之，意志过程就是有意识地支配、调节行动，克服困难以实现预定目的的心理过程。

认识过程、情感过程和意志过程都有其自身的发生和发展的过程，但是，它们不是彼此孤立的过程，它们之间有着密切的联系。认识是情感和意志产生的基础，情感对认识有巨大的反作用是意志行为产生的催化剂。三者之间是相互联系、相互促进的，它们共同构成了人的心理过程，它们是统一的心理活动的不同方面。

（2）个性心理

个性也称人格，是指一个人在生活、实践活动中经常表现出来的、比较稳定的、带有一定倾向性的个体心理特征的总和，是一个人区别于其他人的独特的精神面貌和心理特征。每个人的生活极其独特的发展道路形成了与众不同的个性。个性贯穿于人的一生，影响着人的一生。个性心理是由个性倾向性和个性心理特征两个部分构成的。正是人的个性倾向性中所包含的需要、动机和理想、信念、世界观，指引着人生的方向、人生的目标和人生的道路；正是人的个性心理特征中所包含的气质、性格、能力，影响和决定着人生的风貌、人生的事业和人生的命运。

① 个性心理特征。

个性心理特征是指个体身上表现出来的经常的、稳定的心理特征，主要包括气质、性格和能力，其中以性格为核心。个性心理特征首先表现出极其稳定的特点，例如，能力的变化是缓慢的，因此是相对稳定的。其次，个性心理特征是多层次、多侧面的，由各种复杂的心理特征的独特结合构成的整体。

a. 能力。能力是顺利完成某种活动的潜在可能性的心理特征。

b. 气质。气质是人的心理活动的典型的、稳定的动力特征。心理活动的动力特征，是指心理过程发生的速度、强度、稳定性以及心理活动的指向性。气质是性格的内在基础，是决定个性类型的基础。

c. 性格。性格主要是指完成活动任务的态度和行为方式的特征。性格是个性的外在表现，是显露的气质的外形，是在社会实践中对外界现实的基本态度和习惯的行为方式。

个性心理特征的成分不是孤立存在的，是错综复杂、相互联系、有机结合的一个整体。

② 个性倾向性。

个性倾向性是个体进行活动的基本动力是个性结构中最活跃的因素。它决定着人对现实的态度、对认识活动的对象的趋向和选择。个性倾向性主要包括需要、动机、兴趣、理想、信念和价值观。它较少受生理、遗传等先天因素的影响，主要是在后天的培养和社会化过程中形成的。个性倾向性中的各个成分并非孤立存在的，而是互相联系、互相影响和互相制约的。其中，需要又是个性倾向性乃至整个个性积极性的源泉，只有在需要的推动下个性才能形成和发展。动机、兴趣和信念等都是需要的表现形式。而价值观居于最高指导地位，它指引和制约着人的思想倾向和整个心理面貌，它是人的言行的总动力和总动机。由此可见，个性倾向性是以人的需要为基础、以价值观为指导的动力系统。个性倾向性是人活动的动力来源。个性倾向性与个性心理特征在个体人身上独特的稳定的结合，就构成了个体区别于他人的个性心理。个性心理是指在一定社会历史条件下的个体所具有的个性倾向性与个性心理特征的总和。

心理过程和个性心理总是密切联系在一起的。一方面，心理过程是个性心理形成和发展的基础。人的个性心理通过心理过程而形成并在心理过程中表现出来。另一方面，已经形成的个性心理反过来又制约着一个人心理过程的发展和表现，对心理过程具有调节作用。事实上，不存在不具有个性心理的心理过程，也没有不表现在心理过程中的个性心理，二者是同一现象的两个不同方面。心理过程和个性心理既有区别，又相互联系、相互制约。

1.2.2 设计心理学发展现状

现代设计心理学的雏形大致产生在20世纪40年代后期。首先，第二次世界大战中人机工程学和心理测量等应用心理学科得到迅速发展，战后转向民用，实验心理学以及工业心理学、人机工程学中很大一部分研究都直接与生产、生活相结合，为设计心理学提供了丰富的理论来源；其次，西方进入消费时代，社会物质生产逐渐繁荣，消费者心理和行为研究最后设计成为商品生产中最重要的环节，并出现了大批优秀的职业设计师。其中的代表人物是美国设计师德雷夫斯(Henry Drefuss)，他率先开始以诚实的态度来研究用户的需要，为人的需要设计并开始有意识地将人机工程学理论运用到工业设计中。德雷夫斯在1951年出版了《为人民设计》(Design for People) 一书，介绍了设计流程、材料、制造、分销以及科学中的艺术等。书中的许多内容都紧密围绕用户心理研究展开，他的设计不仅应作为“人性化设计”的先驱，同时其针对用户心理的研究也作为针对设计的心理学研究的先行之作。

1961年，曾获得诺贝尔经济学奖的赫伯特·A·西蒙发现了现代设计学中最重要的著作之一——《人工科学》，他的思想核心就在于“有限理性说”和“满意理论”，即认为人的认知能力具有限度，人不可能达到最优选择，而只能“寻求满意”。他将复杂的设计思维活动划分为问题的求解活动，其理论为人工智能、智能化设计、机器人等研究领域提供了重要依据，初步界定了设计心理学以“有限理性”和“满意原则”为研究内容的基本理论。认知科学和心理学家唐纳德·A·诺曼对于现代设计心理学以及可用型工程做出了最杰出的贡献，20世纪

80年代他撰写了《The Design Everyday Things》，成为可用性设计的先声，他在书的序言中写到“本书侧重研究如何使用产品”。诺曼虽然率先关注产品的可用性，但他同时提出不能因为追求产品的易用性而牺牲艺术美，他认为设计师应设计出“既具有创造性又好用，既具美感又运转良好的产品”。2004年，他又发表了第二部设计心理学方面的著作《情感设计》，这次，他将注意力转向了设计中的情感和情绪，他根据人脑信息加工的三种水平，将人们对于产品的情感体验从低级到高级分为三个阶段：内脏控制阶段、行为阶段、反思阶段（图1.2）。

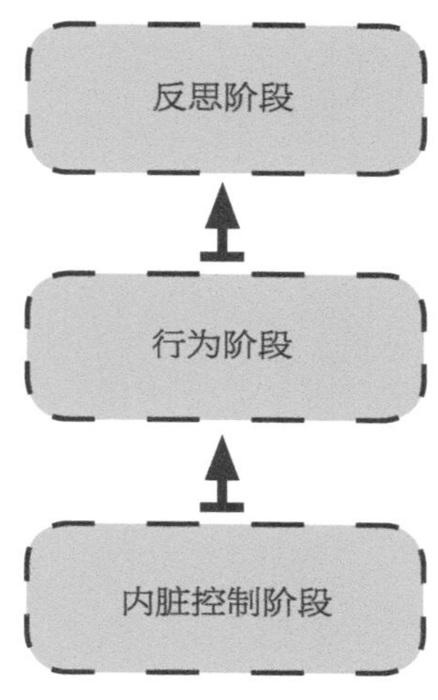

图1.2　产品情感体验三阶段

内脏控制阶段是人类的一种本能的、生物性的反应，反思阶段有高级思维活动参与，有记忆、经验等控制的反应，而行为阶段则介于两者之间。他提出的三种阶段对应于设计的三个方面，其中内脏控制阶段对应“外形”，行为阶段对应“使用的乐趣和效率”，反思阶段对应“自我形象、个人满意和记忆”。

目前，我国对设计心理学的研究尚处于起步阶段。研究设计心理学的专家，按照专业背景的不同，可以分成两类，一类是曾接受了系统的设计教育，对与设计相关的心理学研究有浓厚兴趣，并通过不断地扩充自己的心理学知识，而成为会设计，懂设计，主要为设计师提供心理指导的专家；另一类是以心理学为专业背景，专门研究设计领域的活动的应用心理学家，他们学术背景的心理学专业色彩较浓，通过补充学习一定的设计知识（了解设计的基本原则和运作模式），在心理学研究中有较高的造诣。前者具有一定的设计能力，在实践中能够与设计师很好地沟通，是设计师的“本家人”。较一般的设计师而言，他们具有更丰富的心理学知识，能够更敏锐地发现设计心理学问题，并能运用心理学知识调整设计师的状态，提出更好的设计创意，是设计师的设计指导和公关大使，对设计活动的开展充当顾问角色，比设计师看得更远更高。由于其特殊的知识背景，可以在把握设计师创意意图的同时调整设计，兼顾设计师的创意和客户的需求，更易被设计师接受。后者是心理学家，心理学研究的广度和深度都优于前者，但若不积累一定层次的设计知识则很难与设计师沟通。他们在采集设计参考信息、分析设计参数、训练设计师方面有前者不可比拟的优势。现在许多设计项目都是以团队组织的形式进行，团队中有不同专业的专家，他们都专长于某一学科的知识，同时具有一定的设计鉴赏能力，可以从他们的专业角度，提出对设计方案的独到见解和提供必要的参考资料。心理学专家也是其中的一员，辅助、协助设计师进行设计。而为了与其他专业的专家沟通，设计师的知识构成中也应包括其他学科的一些必要的相关知识。在设计团队中，设计师与心理学家及其他专业的专家结成一种相互依靠的关系。由于设计师不可能精通方方面面的知识，因此，与其他专业的专家在不同程度上的协作十分必要。设计创造性思维的训练也主要由心理学专家来指导进行，因为其专业知识，使他们在训练方法、手段和结果测试方面的作用更突出。前者以设计指导的角色出现，主要指导设计，把握设计效果，从某种意义上说，他们仍然是设计师。后者主要还是进行心理学的研究，研究的范围锁定在设计领域，更关注对人的研究。但目前存在的问题是，在对设计心理学的研究中，设计学与心理学的结合还不够紧密，针对性不够强。

对消费者和设计师的双重关注，使设计心理学在培养设计师、为企业增加效益、以设计打开市场、获取高额利润方面都有不可估量的重要作用。各设计专业的心理学研究有的已经很成熟了，有的则刚刚起步，它只能随着设计心理学的发展而发展。目前存在的问题是部分来自调研、设计、销售等实践环节的经验，由于缺乏严谨的心理学和设计学理论基础而常常停留在现象层次没有上升到理论高度。

设计是一个艰苦创作的过程，与纯艺术领域的创作有很大的差别，设计必须在许多的限制条件下综合进行。因此，积极地发展有设计特色的设计创造性思维是设计心理学不可或缺的内容。传统的消费观关注的是物，只要能够充分发挥物质效能的设计就是好的设计。现代消费观越来越关注人对设计的要求和限制，越来越多人成为设计最主要的决定因素，人们不仅要求获得商品的物质效能，而且迫切要求满足心理需求。设计越向高深的层次发展，就越需要设计心理学的理论支持。而设计是一门尚未完善的学科，研究的方法和手段还不成熟，主要还是依靠和运用其他相关学科的研究理论和方法手段，设计心理学的研究也是如此，主要利用心理学的实验方法和测试方法来进行。

可见，设计心理学的研究是必要而迫切的，设计心理学还有很大的发展空间，还需要在建立设计心理学的框架后细分设计心理学的内容，使其更专业化、更完善，这有待于设计师和心理学家的共同努力。

设计心理学经过多年的研究，内涵和外延都在不断扩大和充实，形成了多方位的心理学研究领域。见图 1.3。

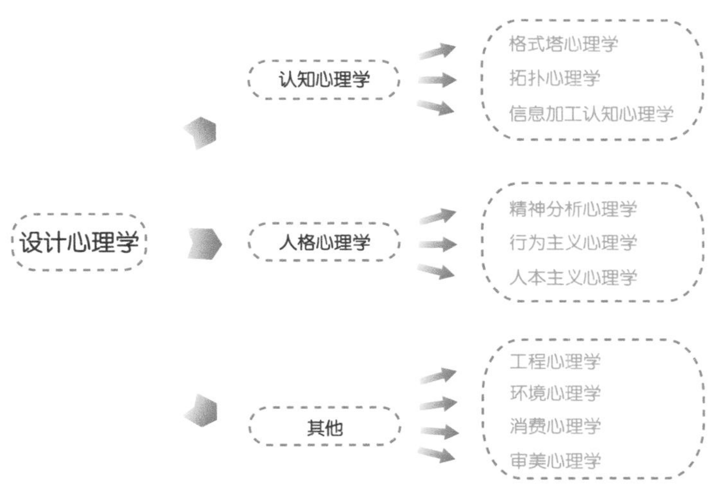

图 1.3 多方位的心理学研究领域

1.2.2.1 认知心理学

（1）格式塔心理学

格式塔（Gestalt）可以直译为“形式”，一般被译为“完形”，格式塔心理学也可以称为完形心理学。1912年，惠特海姆（Wertheimer）、考夫卡（Kurt Koff-ka）和科勒（Wolfgang Kohler）在似动现象的基础上创立了格式塔心理学。它始于视觉领域的研究，但又不限于视觉领域及整个感知觉领域，而是包括了学习、回忆、情绪、思维等许多领域。它强调经验和行为的整体性，认为知觉到的东西要大于单纯的视觉、听觉等，个别的元素不决定整体，相反局部却决定整体的内在特性。

格式塔心理学是设计心理学最重要的理论来源之一，它主要包括以下四个方面。

① 格式塔心理学揭示了人的感知，特别是占主要地位的视知觉，它不像我们一般认为的必须通过“较为高级”的理性思维的加工分析，知觉本身就具有“思维”能力。视知觉并不是对刺激物的被动重复，而是一种积极的理性活动。人的视知觉能直接选择、组织和加工所看到的各种图形。

② 格式塔心理学发现的大量的知觉（主要是视觉）规律，对于设计实践具有重要的实际价值。

③ 格式塔心理学提出审美对象的形体结构能唤起人的情感，即“异质同构”。

④ 格式塔心理学认为艺术创作是一种过程，设计师对于理想的形象构图创造和追求，是

不断逼近、不断清晰和不断完善的过程。下面简单介绍几种格式塔心理学的关于“形”的研究成果。

a. 图形与背景。格式塔心理学有一条基本原则是组织，组织原则首先是图形和背景，即在一个视野内，有些形象比较突出鲜明，构成了图形，有些形象对图形起了烘托作用，构成了背景。

b. 接近性。空间上彼此接近的部分，距离较短或互相接近，容易组成整体。

c. 相似性。在视野中，如果各部分的距离相等，但它的颜色有异，那么颜色相同的部分就自然组成为整体。

d. 完整和闭合倾向。直觉印象随环境而呈现最为完善的形式，彼此相属的部分，容易组成整体；彼此不相属的部分，则容易被隔离开来。

e. 共同方向运动。一个整体的部分，如果有共同方向的移动，则这些共同方向移动的部分容易组成新的整体。

f. 连续性。具有良好连续的几条线段，容易组成整体。

（2）拓扑心理学

拓扑心理学是在拓扑图形学的基础上发展起来的一种学说。代表人物是德国心理学家勒温（Kurt Lewin）。拓扑心理学注重行为背后的意志、需要和人格的研究，试图用心理学的知识解决社会实际问题，它的研究超出了格式塔心理学原有的知觉研究范围，是格式塔心理学的重要补充，为社会心理学开辟了新的道路。

① 心理动力场理论。勒温提出，心理环境也就是实际影响一个人发生某一行为的心理事实（有时也称时间）。这些事实主要由三部分组成。

a. 准物理事实，即一个人在行为时，对他当时行为能产生影响的自然环境。

b. 准社会事实，即一个人在行为时，对他当时能产生影响的社会环境。

c. 准概念事实，即一个人在行为时，他当时思想上的某事物概念，这一概念有可能与客观现实中事物的真正概念之间存在差异。在这里，勒温提出了“准事实”，他是想借用这个概念来说明影响人行为的事实非客观存在的全部事实，而是指在一定时间、一定情境中实实在在具体影响一个人行为的那一部分事实。

② 心理生活空间。为了更好地说明心理动力场，勒温又提出了新的概念——心理生活空间，有时也简称生活空间。按勒温的说法，生活空间可以分为若干区域，各区域之间都有边界阻隔。个体的发展总是在一定的心理生活空间中随着目标有方向地从一个区域向另一个区

域移动。生活空间是一个心理场，是一个人运动于其中的那个空间。勒温认为，心理空间的每一部分都可以有一个区域，区域没有数量大小的区别，但有质的规定。生活空间包括自己、他人和觉察到的对象。生活空间按边界划分区域，每个区域可以看成一个心理事实。

这些理论提示我们，当研究设计中的主体心理时，要特别重视环境因素对于人的心理状况和行为的影响和制约，设计物不仅是作为相对主体的客体环境的组成部分对主体心理存在重要影响，并且其与人的交互活动本身也受到其他环境因素的影响和制约。拓扑心理学是近年来逐步发展的应用心理学——环境心理学的主要理论来源。

（3）信息加工认知心理学

信息加工认知心理学是20世纪50年代中期在西方兴起的一种心理学思潮，其研究涉及人的认知的所有方面。1967年，美国心理学家奈瑟（Neisser）所著的《认知心理学》一书的出版，标志着信息加工认知心理学已成为一个独立的流派，其主要代表人物是跨越心理学与计算机科学领域的专家艾伦·纽厄尔（Newell）和赫伯特·H. 西蒙(Simon)。信息加工认知心理学的核心是将人的思维活动认同为信息加工的过程，这一加工过程与计算机处理信息极为类似，都是信息输入，加工，输出的过程。其主要目的和兴趣就是解释人类的复杂行为，如概念形成、问题求解等，但与其他同样侧重研究人类复杂行为的心理学流派（如格式塔心理学和新行为主义）不尽相同，“认知心理学主要研究从低级的感知到高级的记忆、思维的流动”，因此它使心理过程的研究领域扩大，心理实验通过对心理物理函数的获取走向对内部心理机制的探索。

信息加工认知心理学以人的认知过程作为研究的对象，把人看成类似于计算机的信息加工系统，试图用信息加工观点来说明各自的具体研究对象。

① 认知是信息的加工过程。持有这种观点的心理学家在信息加工认知心理学中占优势地位。他们认为，认知就是刺激输入的变换、简化、加工、储存以及使用的过程，他们强调信息在体外的流动过程，并试图通过计算机程序来模拟人的认知过程。

② 认知是问题解决。持有这种观点的心理学家把问题解决作为认知的核心，认为认知是利用外部和内部信息解决问题的过程。由于这种观点把认知仅仅局限于问题解决领域，缩小了信息加工认知心理学的研究范围，因而遭到一些心理学家的反对。

③ 认知主要是指思维。持有这种观点的心理学家认为，认知主要就是指思维，包括言语思维、形象思维、概念形成及问题解决等。他们把思维作为主要的研究对象，以探索思维活动的特点、规律和模式作为根本任务。这种观点在信息加工认知心理学中占很大一部分市场。

认知心理学的观点和模型可以分析和解释设计过程和产品使用过程中出现的许多心理现象。例如，人机系统模型常常在人机界面设计中使用；消费行为模型在消费者行为分析中使用；消费者动机模型以及视觉传达设计中使用的信息传达模式等。此外，认知心理学中的知觉理论、模式识别、注意、记忆、问题求解等内容也可以被广泛地运用于设计心理学的各种研究。

1.2.2.2 人格心理学

（1）精神分析心理学

精神分析学派产生于19世纪末，是四大心理学取向之一。精神分析学派主要代表人物是弗洛伊德（ Freud ）和荣格（ lung ）。最初，它主要是一种探讨精神病病理机制的理论和方法，由于它对人心理活动内在机制的关注，对人格和动机等方面的崭新观点，给心理学界带来了巨大的冲击和影响。到20世纪20年代，它已经渗透到社会科学的各个领域，并发展成“新精神分析学派”，成为包罗万象的人生哲学。精神分析学派的理论都在于承认人的无意识的存在，以及无意识对人行为的驱动作用，但他们各自又从自己的理解出发，对无意识的形成和结构作出了不同的解释。

精神分析学派的创始人弗洛伊德把人的心理结构分成三个领域，即意识、前意识和无意识。这就是大家比较熟悉的“冰山理论”：人的意识组成就像一座冰山，露出水面的只是一小部分（意识），而隐藏在水下的绝大部分（无意识）却对其余部分（意识和前意识）产生影响。

人的心理活动有些是能够被自己觉察到的，只要我们集中注意力，就会发觉内心不断有一个个观念、意识或情感流过，这种能够被自己意识到的心理活动叫做意识。意识与前意识在功能上接近。例如，某一目前属于意识的内容，当不再注意它时，它就不再是有意识的了；当注意它时，它就是意识的了。前意识使之能够变成意识到的东西。比如，我们对待特定经历或特定事实的记忆不是一直意识到的，而是一旦有必要时就能突然回忆起来。前意识处于无意识和意识之间，担负着“稽查者”的任务，严密防守，把住关口，不许无意识的本能和欲望随便侵入意识之中。但是当“稽查者”丧失警惕时，有时被压抑的本能和欲望也会通过伪装而迂回地渗透意识之中。一些本能冲动、被压抑的欲望或生命力却在不知不觉的潜在境界里发生，因不符合社会道德和本人的理智，而无法进入意识被个体所觉察。这种潜伏着的无法被察觉的思想、观念、欲望等心理活动被称为无意识。在弗洛伊德看来，无意识在人的精神生活中占主要地位。精神分析所研究的对象应当是无意识的内容，而不是仅限于意识内容的研究。

弗洛伊德认为，人格可以分为“本我”“自我”“超我”。“本我”是人格中与生俱来的最原始的无意识结构部分，是人格形成的基础。“本我”是趋乐避苦的，为快乐原则所支配，无节制地寻找满足感的随时实现而不考虑其后果，这种快乐特指性、生理和感情的快乐。它是无意识的，不被个人所觉察。“本我”是人格深层的基础和人类活动的内驱动力。“本我”这一概念是精神分析学派的理论基石。“自我”是在“本我”的基础上发展起来的，是人格结构中的管理和执行机构。“自我”要同时满足现实、“本我”和“超我”的要求，并在三者之间进行协调。“自我”遵循现实原则活动，其基本含义在于对生存条件的适应与服从。“超我”代表良心、社会准则和自我理想，是人格的高层领导。它按照至善原则行事，其功能是监督“自我”去限制“本我”的本能冲动。“超我”的监督作用是由自我理想和良心实现的。

荣格是另外一位著名精神分析学派的心理学大师，他进一步发展了弗洛伊德的“无意识”理论提出人类社会中艺术创作的推动力、艺术素材的源泉、艺术欣赏的本源都是与人类深层心理中的“集体无意识”，及其“原型”密不可分的。荣格描绘了两种水平的无意识心灵。在我们的意识觉察之下是个人无意识，它包含着在个人生活中被压抑或遗忘的记忆、冲动、欲望、模糊的知觉和其他一些经验。无意识的这一水平隐藏得并不深。来自个人无意识的事件可以很容易地返回到意识觉察水平。个人无意识中的经验群集成情结。情结是一些有着共同主题的情绪和记忆模式。通过专注于某些观念(如权利或自卑)，一个人表现出某种情结，因而影响着行为表现。因此，情结在本质上是整个人格中的较小的人格。

在个人无意识下面这一水平上是集体无意识，它是个体不了解的。集体无意识中包含着以往各个时代累积的经验，包括我们的动物祖先遗留下来的那些经验。这些普遍性的、进化性质的经验形成了人格的基础。但是请记住集体无意识中的那些经验是无意识的。它不像个人无意识中的那些内容，我们并不能觉察到它们，也不能回忆起或者具有它们的表象。

与现代心理学的崇尚实证的取向不同之处，弗洛伊德、荣格的理论对艺术和艺术创作的解释具有浓厚的思辨色彩，显得含糊和神秘。但是，它是唯一涉及人的无意识、行为之下的潜在动因的心理流派，对于我们理解设计的消费者（用户）的潜在需要和行为动机，以及设计师的创意来源都具有重要意义。

从精神分析心理学研究中，我们可以发现，设计师通过对产品功能、结构等客观条件的把握和分析，运用一定的设计原则进行最优化设计。同时，还需相当程度的艺术创造，那一部分更多地涉及设计师的“无意识”的过程，其他心理学理论均缺乏对这一过程的解释和分析。因此，有些研究者开始运用精神分析的理论和研究方法，来挖掘消费者潜在的动机和需要。基于这种认识，有些营销专家和设计者相信通过分析消费者潜在需求，可以利用外观、包装、广告、环境等设计要素，刺激消费者，唤醒部分个体的一些特定的潜在需要。设计师在试图迎合消费者（用户）的需求时，必须同时兼顾三重人格的需要，即“自我”“本我”和“超我”的需要。

（2）行为主义心理学

行为主义心理学自1913年问世以来，即受到众多心理学家的欢迎和拥护，发展到20年代末期，它已成为美国最具影响和势力的心理学流派。这一时期的行为主义心理学也称早期行为主义心理学或古典行为主义心理学。其后，20世纪30~60年代约30年的时间里，早期行为主义心理学经历了诸多内部变革，形成了各具特色的新体系。尽管这些新体系在基本观点、概念体系、术语名称等方面各不相同，但其行为主义心理学的基本立场却是一致的，因此统称为新行为主义心理学。新行为主义心理学的出现不是偶然的，它是当时社会历史条件、思想背景及心理学自身发展的内部需要等共同作用的结果。

反射是最基本的神经活动，也是实现心理活动的基本生理机制，是感受器受到刺激后引起的神经冲动，先通过神经纤维传至神经中枢，经过神经中枢的加工，再通过神经纤维传到效应器(肌肉和腺体)引起的活动。反射可以分为无条件反射、经典条件反射以及工具性条件反射。

① 无条件反射。无条件反射，即本能，是动物先天遗传下来的行为形式的基础，它是动物为了维持生命所必需的。例如，人在吃食物的时候会分泌唾液，在寒冷的环境下会打寒战，碰到烫的物品会缩手等。无条件反射是自动的行为，不需大脑思维活动的参与。无条件反射具有适应性，即针对不同刺激而做出不同行为。

② 经典条件反射。20世纪初，俄国著名生物学家巴甫洛夫通过一系列经典实验发现了两种信号的条件反射，称为经典条件反射。它以无条件反射为基础，例如食物没有进到嘴里时，光看到食物，人们可能已经开始分泌唾液，食物就与分泌唾液的行为形成了对应的关系。概括而言，即当一个刺激和无条件刺激同时出现若干次后（心理学称为强化），就可能直接引起它原本不能引起的属于无条件刺激引起的活动，这就是望梅止渴的效应。巴甫洛夫还指出，人的大脑有两种信号系统，第一信号即具体的信号，如光、声、味、触等；第二信号是抽象的信号，如语言、文字。第二信号不能脱离第一信号而单独存在，是在第一信号的基础上建立起来的。这是人比动物的反射行为高级的地方所在，虽然某些高级动物也可能对符号产生条件反射，如猿猴等，但只能对极为简单的符号产生反应。

条件反射刚形成时，具有泛化的现象，即对于类似的刺激都具有相似的反射。如果只对其中某种刺激进行强化，而对近似的刺激不给予强化，泛化反应就逐渐消失，这种现象称为条件反射的分化。正是基于这一点，我们才可能通过组合不同的符号——声音的或视频的，来代表不同的刺激源，这才出现了丰富多彩的音乐、美术等艺术作品，并使人们产生各种不同的感官刺激。例如，人们听到某些节律的音乐就会感觉愉悦，而某些节律则引起感觉悲伤。此外，条件反射行为形成后，并非一成不变，如果长期得不到强化就可能消退。比如，长期不向狗提供食物，而仅仅摇铃，若干次后它就不再分泌唾液了。

③ 工具性条件反射。美国心理学家斯金纳（B. F. Skinner）通过实验发现，经典条件反射理论存在一些问题，并提出了工具性条件反射理论。这个著名的实验是将动物放进一个箱子中，当动物碰到机关就能掉出一块食物，开始动物在箱子里面乱动，如果碰巧碰到机关，食物就掉出来，之后它们就越来越少碰其他地方，直到最后只碰机关。因此，针对以上问题，斯金纳提出了工具性条件反射理论，将这种习得的反应称为“行为的塑造”，认为行为结果能塑造新的行为，这是人类能不断学习和掌握新的行为的关键原因，它成了经典条件反射理论

的重要补充。根据他的理论，人们最初很艰难地进行某些操作，需要不断通过推理、计算、选择、判断等，做对后人们则重复这一行为（强化），做错则避免这一行为，多次做对后这个行为就变得自动化了，也就是习惯或技能的形成。并且与无条件反射一样，工具性条件反射也存在消退、泛化和分化等特征。在艺术设计中，产品的使用方式都是后天习得的行为，有时需要某种技能，斯金纳的“行为塑造”理论对于设计艺术中的新行为的塑造、技能学习等方面的研究具有重要意义。

（3）人本主义心理学

人本主义心理学于20世纪50年代兴起于美国，在60~70年代得到迅速发展。它是心理学的一种新思潮和革新运动，又称现象心理学或人本主义运动。

人本主义心理学主张研究人的本性、潜能、经验、价值，反对行为主义的机械的环境决定论和精神分析以性本能决定论为特色的生物还原论，所以称为心理学的第三势力。目前，它已成为当代心理学中的一种新的有重要影响的研究取向。人本主义心理学是美国特定的时代背景和心理学自身的内在矛盾相互冲击的产物，也是吸收当时先进的科学思想并融合存在主义和现象学哲学观点而发展起来的。

① 需要层次论。马斯洛认为，动机是人类生存和发展的内在动力，动机引起行为，而需要则是动机产生的基础和源泉。需要的性质决定着动机的性质，需要的强度决定着动机的强度，但需要与动机之间并非简单的对应关系，人的需要是多种多样的，但只有一种或几种最占优势的需要成为行。马斯洛从总体上把人的需要分为两大类。一类是基本需要，这类需要和人的本能相联系，因缺乏而产生，所以又称缺失性的需要。在一个健康人身上，它处于静止的、低潮的或不起作用的状态中。这类需要主要包括生理需要、安全需要、爱与归属的需要、尊重的需要。基本需要属于低级需要，是由低到高逐渐发展的。马斯洛认为，低层次的需要未得到满足之前难以产生高一层次的需要。另一类是成长性需要或心理需要，这类需要是不受本能所支配的，它的特点有：不受人的直接欲望所左右；以发挥自我潜能为动力；这类需要的满足会使人产生最大限度的快乐。这类需要包括自我实现的需要。

② 高峰体验论。在马斯洛的自我实现理论中，高峰体验是一个重要的概念。高峰体验是人在进入自我实现和超越自我状态时所感受得到的一种非常豁达与快乐的瞬时体验。这种体验是每一个正常的人都可以产生的，但自我实现者能更多地体验到高峰时刻的出现。

高峰体验在不同人身上表现方式不同，甚至同一个人身上由于从事不同的活动，表现方式也是不同的。它可以是作家完成了自己的一部得意之作，也可以是音乐家的一次成功演出；可以是工匠完成一件精湛的雕刻，也可以是一次陶醉的艺术品欣赏；可以是家庭生活的美好感受，也可以是对自然景观的迷恋；可以是某一科学真理的发现，也可以是某一项发明创造。高峰体验既可以是极度的快乐，也可以是宁静而平和的喜悦。

1.2.2.3 其他应用心理学

（1）工程心理学

工程心理学是心理学的一个分支，也是心理学的应用领域之一，它主要研究工作中人的行为规律及其心理学基础。工业心理学的发展主要始于第一次世界大战，第二次世界大战后，美国总结了战争期间的工作经验，并在军工、民用工业中广泛加以推广，人的因素成了一个重要的研究领域。第二次世界大战以后发展起来的新兴理论如信息论、系统论、控制论等，也影响着工业心理学的发展方向。现在，工业心理学的研究内容主要包括工作环境的研究、组织关系、生产过程自动化、消费需求以及人-机系统五个方面。工业心理学发展至今其理论和思想已日趋完善，主要包括管理心理学、工程心理学、劳动心理学、人事心理学等。

其中，工程心理学主要涉及的人机工程学是设计艺术学科的重要基础学科，它也可以称为人因工程学、人类因素学、人类工程学，日本称为人间工学。工程心理学是以人-机-环境系统为对象，研究系统中人的行为及其与机器和环境相互作用的工业心理学分支，主要包括三个方面的研究。

① 研究与技术设计有关的人体生理心理特点。它为人-机-环境系统的设计提供有关人的数据。

② 人机界面的设计。人机信息交换的效率，很大程度上取决于显示器和控制器与人的感知器官、运动反应器官特性的匹配程度。为使两方面匹配得更好，就要研究显示器和控制器的物理特性与人的感知、记忆、思维、运动反应等身心特点的关系。

③ 工作环境的空间设计。它主要包括：工作空间的大小，显示器和控制器的位置，工作台和座位的尺寸，工具和加工件的安排等。工作空间的设计要适应使用者的人体特征，以保证使用者能够采取正确的作业姿势，达到减轻疲劳、提高工效的目的。因此，研究特殊环境条件对人的行为的影响，对设计空间舱和地下、水下工作的人-机系统具有重要意义。

（2）环境心理学

不同城市的生活节奏是不一样的。在人们的印象中，有些大城市中每个人都走得飞快，另一些城市中的人们却悠闲地散步，还不时地停下来观赏景致。心理学家莱文（Robert Levine）和他的学生们对美国36座城市的生活节奏进行了测量和比较。为了评价城市的节奏，他们考察了四个指标，其中包括行走速度、工作速度、讲话速度和不同性别者戴手表的比例。莱文等人发现，生活的节奏与心脏病有关。人群之中，A型人格是一种易发心脏病的性格，而城市之中，好像也同样存在A型城市。A型人格者最有可能被快节奏的A型城市所吸引，到了那里，他们会努力使自己适应快的节奏。

莱文等心理学家们所探讨的是环境与人的行为之间的关系，这属于心理学一个分支——

环境心理学的研究领域。环境心理学研究中涉及两种环境：自然的或人工的物理环境和社会环境。社会环境是由一群人组成的环境，如一场舞会、一次商务会议或晚会。环境心理学家们也特别关注对行为场所的研究，行为场所是指环境中的一些有特定用途的场所，如办公室、衣帽间、教堂、赌场或教室等。众所周知，不同的环境和行为场所对人的行为有不同的要求，有些场所甚至有严格规定。例如，在学生活动中心的休息室里大家可以谈笑风生，而在图书馆里则要保持肃静。

环境心理学的研究主要包括下列内容：个体空间、领地行为、应激环境、建筑设计、环境保护以及许多相关问题。

环境心理学在环境的影响作用研究中有一个重要发现，即人的多数行为在一定程度上都受着特定环境的控制。例如，购物中心和百货商场大都设计得像迷宫，顾客们要在里面绕来绕去，这样就能让顾客在商品前多徘徊或逗留一会儿。再如，大学教室的设计也清楚地表明了师生关系，学生座位固定在地板上，老师面对学生而立，这样可以限制学生们在课堂上交头接耳；公共浴室中的座位不多，人们只能洗完就走，而不可能舒舒服服地坐在里面开会。

心理学家们还发现，环境因素的变化影响着公共场所中故意破坏公物行为发生的数量。在心理学研究结果的基础上，现在很多公共场所都选用了新型建筑材料，不可能在上面乱涂乱画，使此类破坏行为不再发生。没有门的厕所隔间和瓷砖墙面也是防范措施之一，还有一些措施是为了使人们降低乱涂乱画的欲望。比如，在一块广告牌周围种上一些花，人们不愿意践踏花草，因而也就不会走过去乱画了。

在当今世界依然存在着许多环境问题。但我们欣喜地看到，至少在某些问题上可以通过设计改变影响人的行为，从而找到解决的方法。当然，创造和保持一个有益健康的环境也是我们和子孙后代所面临的主要挑战之一。

（3）消费心理学

消费心理是消费者在进行消费活动时产生的一系列心理活动。消费心理学是研究消费者商品购买行为、使用行为和服务规律的商业心理学分支，它涉及商品和消费者两个方面。它来源于20世纪50年代后期发展起来的消费者导向的营销策略，当时由于科学技术和生产力水平的迅速提高，营销商们意识到，与其去游说消费者购买产品，不如去生产消费者需要的产品，而消费者需要什么样的产品，就是消费心理学研究的主要内容。消费心理学是一个跨学科的研究领域，与社会心理学、社会学和经济学有着密切联系。与之相关的研究包括广告、商品特点、市场营销方法等，以及消费者的态度、情感、爱好及决策过程等。总之，消费心理学是一门研究消费者心理活动的行为科学，它是以观察、记述、说明和预测消费者心理活动为目的的科学。

近年来，从着重研究消费者购买活动转向于更一般、更全面地研究消费者，其研究重点有所改变，主要体现在以下三个方面。

① 消费者行为。消费心理学要全面研究消费者的行为，研究影响这个行为的一系列社会的、个人的和法律的各种变量。它不仅要研究说服消费者购买已有产品的问题，还要研究消费者需求发展以及消费者安全等问题;同时，还要进一步研究消费行为的两个方面，即社会对消费者的责任和消费者对社会的责任问题。

② 产品测验。产品测验是研究产品的特点和消费者对产品特点的反应。这种研究通常采用蒙目测验来确定产品的非视觉特点的特征，如饮料味道的改进和新产品使用的行为分析等，通过产品测验的数据从消费者那里获得有效信息。

③ 消费者调查。消费者调查主要是了解消费者的态度和意见。这种调查既包括消费者对现有产品和服务的意见，也包括有助于新产品设计的一般意见。消费者调查一般采用问卷调查法，可以用客观量表，也可以用投射量表。

（4）审美心理学

审美心理学是研究和阐释人类在审美过程中心理活动规律的心理学分支，是一门主要研究人们在美的欣赏和美的创造中心理运动规律的科学。审美主要是指美感的产生和体验，而心理活动则是指人的知、情、意。审美心理学着重审美体验的心理学分析，因此，审美心理学也可以说是一门研究和阐释人们美感的产生和体验中的知、情、意的活动过程，以及个性倾向规律的学科。

审美经验即审美感受，是审美心理学的研究对象，是审美中的生理和心理感受，是一个流动的动态的体验过程。广义的“美感”即审美经验，包括了从审美知觉——感知、理解、想象、情感——审美愉悦这一过程；狭义的“美感”仅指审美经验中审美愉悦（包括审美感受和审美判断）这一部分。

精神分析学派、格式塔学派、行为主义学派、信息论学派和人本主义学派，分别从不同的方面对审美心理学的形成和发展做出重要的贡献。精神分析学派认为审美经验的源泉存在于无意识之中，揭示出审美心理的深层结构。格式塔学派运用格式塔心理学的原理和“力”与“场”的概念去解释审美过程中的知觉活动；行为主义学派提出观赏者对艺术品刺激所做出的生理性反应，就是产生愉快、兴趣和审美经验的原因和机制；信息论学派通过对审美知觉的研究认为，知觉者欣赏艺术品时会唤起一种期望模式，当期望得到肯定时就会产生愉快和美感；人本主义学派认为美感是一种高峰体验，是对自我的审美观照。

我们可以认为，审美心理学并不满足于描述审美心理现象，而要在了解审美心理规律的基础上进一步提高审美活动的成效，因为“心理学就是人类为了改造客观世界并改造自己而了解自己的一门必要的科学”。同时，因各国、各民族社会历史的不同而形成人的审美经验的认知差异，审美心理学还要研究审美心理的个性和共性以及社会文化对于审美心理的影响等诸多方面。

2. 人的感知架构

REN DE GAN ZHI JIA GOU

2.1 感觉系统

产品最终会被形形色色的人使用，使用产品的人称为用户。研究用户心理是设计心理学中的一个重点内容。用户操作产品的过程是一个复杂的心理过程，此过程中包含用户的感知、注意、记忆、思维等概念。一个好的产品应该是易于使用、符合用户认知的产品。要想做到这一点，设计师必须通过对用户心理的研究，运用适合的设计调查方法，建立符合用户心理的产品的思维模型和任务模型，在产品的形态结构中提供便于操作行动的条件，给予用户正确的引导。

人对客观事物的认知是从感觉开始的，它是最简单的认知形式。感觉还可以是一种心理体验。在感觉基础上可以产生高一级的心理过程，比如知觉、记忆、思维等。

2.1.1 概念

心理学将感觉定义为：感觉是客观事物的个别属性在人头脑中引起的反应，也就是“物质作用于我们的感觉器官而引起感觉”。心理学中将感觉分为外感觉（如听觉、视觉、触觉、味觉、嗅觉等）和内感觉（饥渴、病痛、疲劳等）。感觉是人对客观事物认识的初级阶段和初级形式（图2.1）。

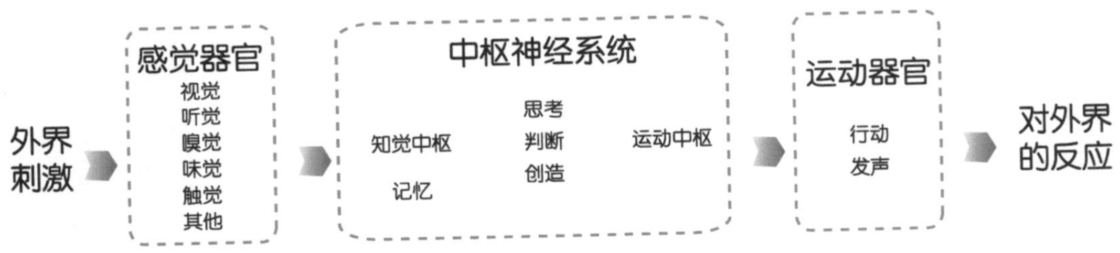

图2.1 感觉产生的过程

人感觉产生的过程如图2.1所示，人们产生感觉首先是来自刺激。人们身体中各个感觉器官或感受器接受机体内、外环境的各种刺激，将刺激转变为神经冲动信息，这些信息借感觉神经传入中枢，经过大脑进行信息处理，产生感觉，做出对外界的反应。收集这些信息的人身体的器官就是感受器。感受器是由许多能够完成感受功能的细胞构成。

2.1.2 感觉系统分类

感觉是一种较为简单的心理过程，可以分为视觉、听觉、嗅觉、味觉、触觉五种心理感觉。通过感觉人们可以分辨颜色、声音、软硬、粗细、重量、温度、味道、气味等。

（1）视觉系统

人的眼睛是视觉产生的生理基础。第一个接触到的视觉信息是光线。光线会先通过眼球中的瞳孔，由透镜成像于视网膜上。视网膜是覆盖于眼球内壁的膜状组织。视网膜下层，有着可以将光线转换为电子信号的视细胞。视细胞分成光线明亮时才动作的“视锥细胞”和光线微弱时才动作的“视杆细胞”。一个人的“视锥细胞”有五百万至七百万个，而视杆细胞则有一亿两千万至一亿四千万个。

① 视锥细胞（图2.2）。视锥细胞对光线的颜色相当敏感，分成三种吸收波长各不相同的细胞：L视锥（红视锥）、M视锥（绿视锥）、S视锥（蓝视锥）。这三种视锥如果有缺陷或是吸收波长错误，就会发生“色觉异常”（俗称“色弱”“色盲”）。人类只能看到这三种波长范围的光线而已。

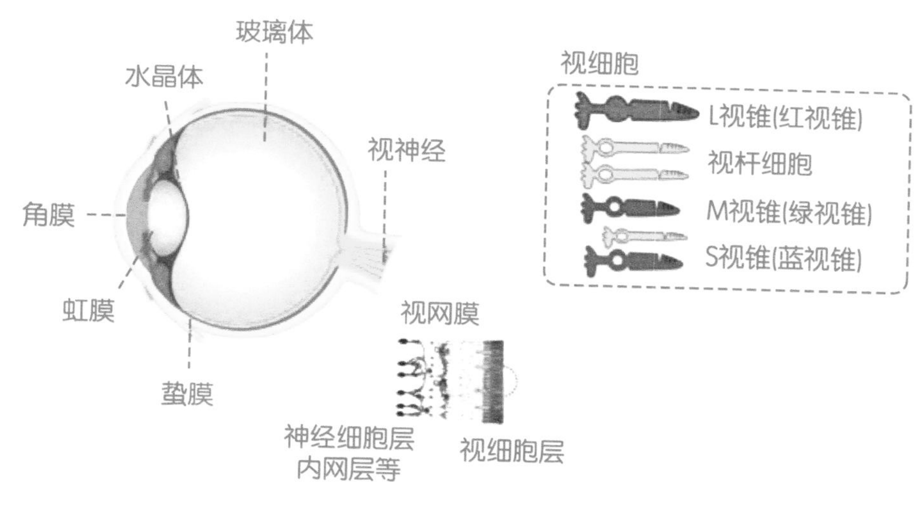

图2.2 视锥细胞

我们可以做个实验来实际体会一下视锥的功能。请注视图2.3中的红色圆圈三十秒左右，然后把视线移到右边的空白部分。这么一来，会不会觉得空白部分看起来有个蓝色圆圈呢？这就是“补色残像”现象，由于持续注视红色，会使L视锥（红视锥）疲劳，而没有用到的M视锥（绿视锥）和S视锥（蓝视锥）则会相对活跃，在空白部分浮现出红色的互补色。

② 视杆细胞。视杆细胞会对微弱的光线起反应，但是无法辨别颜色。所以人在黑暗中可以辨别形状，却看不清颜色。视杆细胞中含有一种叫做视紫质（rhodopsin）的蛋白质，它会吸收光线，然后转换为分子构造信息。视紫质是一种复合物，含有氨基酸链（视紫蛋白，

opsin）所构成的蛋白质和维生素A的衍生物（视网醛，retinal）。一旦人体缺乏维生素A，在暗处就无法看清楚东西，便是这个缘故。

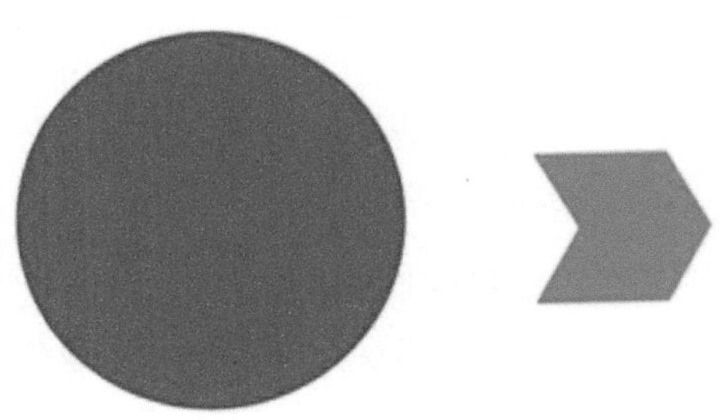

图2.3　补色残像与视锥细胞的关系

除了猫头鹰、夜莺等少数鸟类以外，大多数的鸟类都是日行性动物，也几乎没有视杆细胞，所以鸟在夜晚是什么都看不到的。

视觉信息会由感光细胞（photoreceptor cell）转换为电子信息，再经由双极细胞（bipolar cell）、神经节细胞（ganglion cell），最后送到大脑。送到大脑的信息会通过大脑中央的外膝体（lateral geniculate body）之后到达后脑的视觉区。人类视觉区分为V1~V5几个区。

第一视觉区（V1）只会处理单纯的形状。V1部分的细胞，只会处理设计元素中最单纯的东西，例如判断红、黄、绿等颜色，还有水平线、垂直线、斜线等简单线条形状。每个细胞只会对自己该处理的信息起反应，比方说对应蓝色的细胞会对蓝色起反应，而且只要是蓝色的就会有反应，无论是圆形还是三角形。反之，对纵线有反应的细胞，就只对纵线有反应。

在V1处理完的视觉信息会从两条路径离开。第一条“背侧路径”（dorsal pathway）是从V2前往V3的路径，这条路径会处理对象的动作、空间信息、三维（三次元）形态。另一条“腹侧路径”（ventral pathway）是从V2前往V4的路径，这条路径会处理比V1更加复杂的颜色和形状，这里有着对复杂颜色和形状起反应的细胞，另外对特定弯曲率、曲线组合，还有稍微复杂的形状也会有所反应。 V1除了处理视觉资讯之外，同时具有快递中心的功能，它能够配合视觉处理的内容来分配视觉信号。

最后，信息就会经过腹侧路径传到大脑侧叶，到了这里会对更复杂的形状起反应，而可以真正认知眼前这项设计的全部外观。总括来说，人类第一眼看到一项设计，只会对如颜色、线条、轮廓灯单纯的元素起反应，之后才会对复杂形态起反应然后进行处理。视觉信息的处理过程如图2.4和图2.5所示。

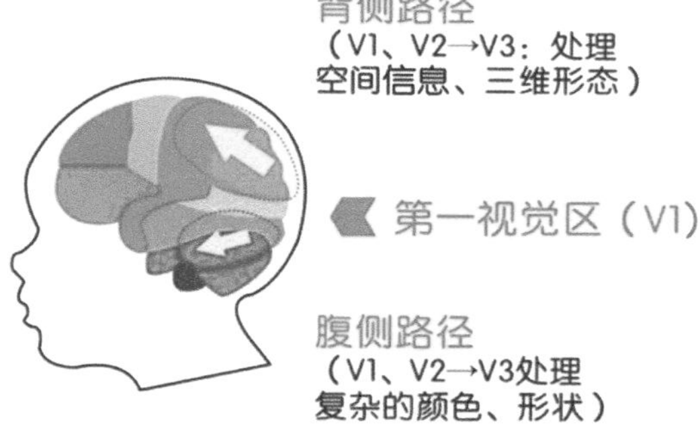

图2.4　视觉信息的处理过程（一）

图2.5　视觉信息的处理过程（二）

早在2012年，Noiz Architects 的日本建筑设计师 大野友资 / Yusuke Oono 在参加 YouFab 设计竞赛时首次提出了立体图书的概念，但由于立体书籍有非常繁复的细节，在当时无法付诸量产。时隔三年，设计师创建了一个全新的系列，并在图书出版商 Seigensha 的帮助下成功实现量产，现在360° 图书有《富士山》和《白雪公主》在售（图2.6、图2.7）。

书籍里的内容，不论风景或者故事通常都是在字里行间中展现，讲究一些的，也只是可以看到精美的插画或照片，更立体丰满的场景却得依靠我们的想象自行加工。但360° 立体图书却巧妙地将故事和风景完全地具象并立体化，以一种全新的书籍形式展现在读者眼前。

《富士山》中展现了如诗如画、并极具代表性的风景，其中包括日本最知名的富士山以及白云和白鹭等元素。

图2.6　360°图书《富士山》

《白雪公主》当然也取意于同名童话故事，里面包括了白雪公主、女巫、七个小矮人、苹果、森林等众多与之相关的丰富细节。

图2.7　360°图书《白雪公主》

（2）听觉系统（图2.8）

听觉是声源振动引起空气产生声波，通过外耳和中耳组成的传声系统传递到内耳，经内耳的环能作用将声波的机械能转变为听觉神经上的神经冲动，再送到大脑皮层听觉中枢而产生的主观感觉。

听觉带给人精神的享受，对于产品来讲，在产品中设计不同的声音或音乐，带给用户不同的心理感受，且有提示作用。在产品提示音中，往往表明现在所处的位置、状态，柔和甜美的女声给人带来愉悦的听觉感受。

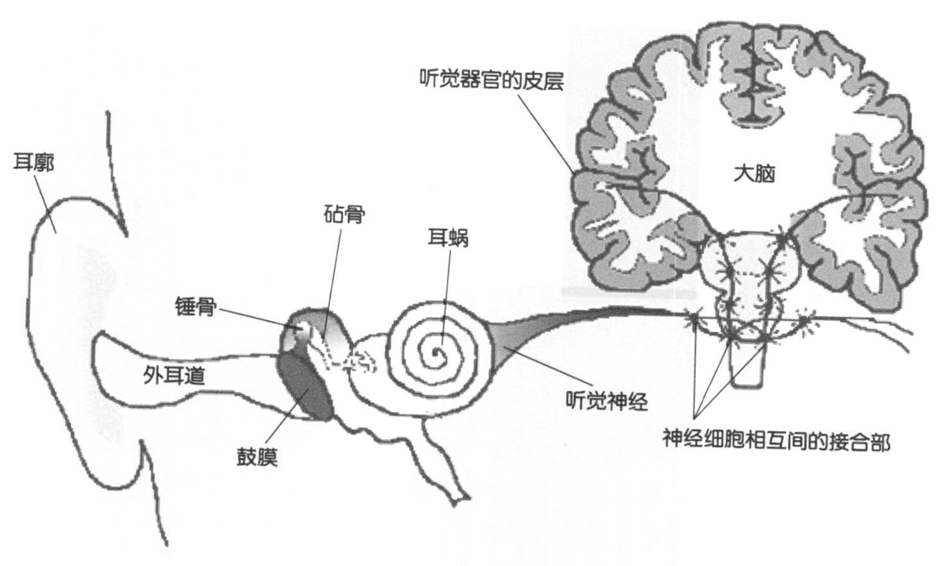

听觉系统	外耳	中耳	内耳	脑中枢	脑
担任的工作	修正使更显著	波动匹配	频率及强度分析	组合左右两耳的信号	运算总合的声音信号
类比的电路	共鸣装置	放大器	频谱分析	多路复用器	计算机运算器

声音

Σ ∫

图2.8　听觉系统

（3）触觉系统

触觉是指分布于全身皮肤上的神经细胞接受来自外界的温度、湿度、疼痛、压力、振动等方面的感觉。狭义的触觉是指刺激轻轻接触皮肤触觉感受器所引起的肤觉。触觉可以接受接触、滑动、压觉等机械刺激。人的皮肤位于人的体表，依靠表皮的游离神经末梢感受温度、痛觉、触觉等多种感觉。触觉感受器在头面、嘴唇、舌和手指等部位的分布都极为丰富，尤其是手指尖。

（4）味觉系统

味觉是指食物在人的口腔内对味觉器官化学感受系统的刺激并产生的一种感觉。从味觉的生理角度分类，只有四种基本味觉：酸、甜、苦、咸，它们是食物直接刺激味蕾所产生的。有一些食品或饮品是直接用人们已经习惯的该产品的颜色来表现其味觉的，如深棕色（俗称咖啡色）就成了咖啡、巧克力一类食品的专用色。在表现味觉的浓淡上，设计师主要靠色彩的强度和明度来表现。比如，用深红色、大红色来表现甜味重的食品，用朱红色表现甜味适中的食品，用橙红色来表现甜味较淡的食品等。在广告设计中“味觉感”，往往借助于色彩使人们在看到产品特别是与食品有关的产品时，有一定的味觉感受。

图2.9所示Sour Lemon柠檬糖广告，把不可知的味觉体验转换为丰富的视觉体验，酸柠檬糖究竟有多酸，面部被酸的肌肉收缩，就像被使劲挤汁的柠檬……夸张，幽默，简洁，直击卖点；背景色为黄色，一方面让人联想到柠檬，一方面加强了读者看到黄色而产生酸爽的感觉。

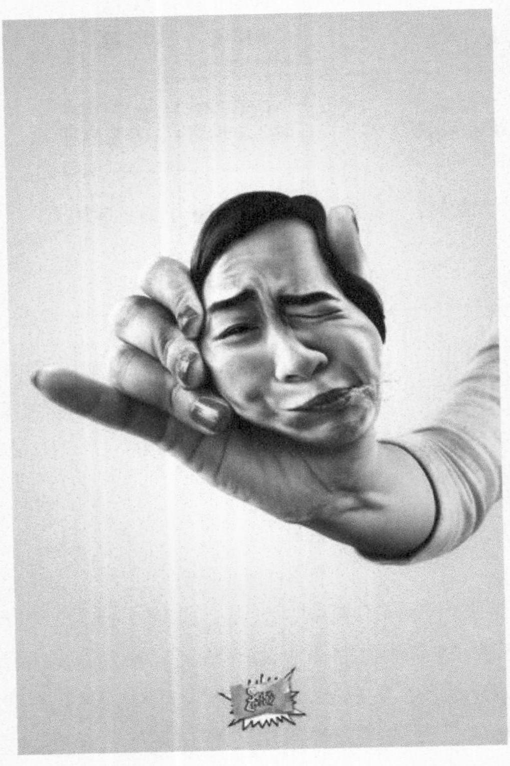

图2.9　Sour Lemon柠檬糖广告

（5）嗅觉系统（图2.10）

嗅觉是人们对气味通过感受器的一种感觉，是挥发性物质的分子作用于嗅觉器官的结果。嗅觉比视觉更易引发身体反应，嗅觉是实时产生的生理反应，对气味的刺激更敏感也更易察觉。不同的气味能够引起情绪上和生理上的不同变化。各种气味通过刺激人体嗅觉引发人的情感，从而在一定程度上左右人们对产品的态度。在使用产品时，如果有阵阵花香袭来，会给人带来愉悦的精神享受。

嗅觉在日常生活中扮演着重要的角色时，气味承载着极其惊人的叙述能力以及唤起情感的能力，然而鲜有科技产品能够发挥出气味的潜力。

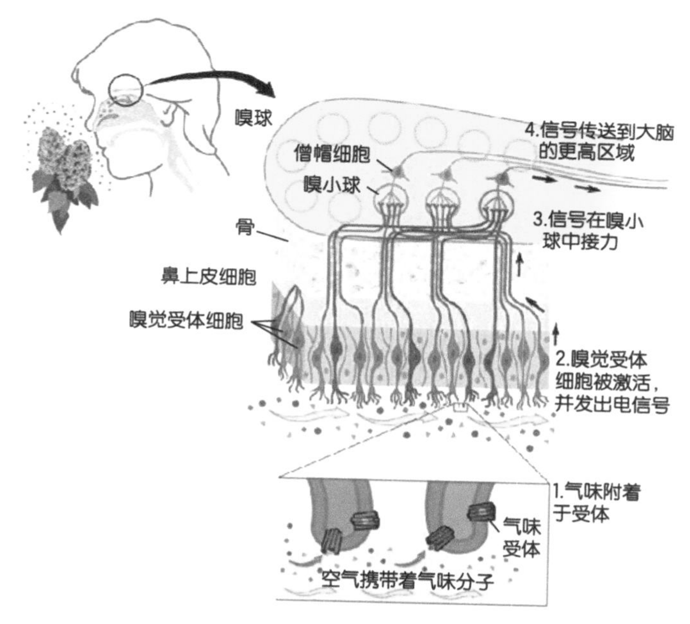

图2.10　嗅觉系统

Vapor Communications的创始人，哈佛大学教授大卫·爱德华兹和他的学生雷切尔·菲尔德共同研发的oPhone气味传感器，让传递气味变得和发短信一样轻而易举。

他们的第一代产品oPhone Duo（图2.11）内置一个oChips气味盒，轻风拂过oPhone，基座上的圆形桶内会散发出气味。近期，爱德华兹刚完成了第二代oChip的研发，第二代oChip是个气味吸收圆盘，可以放入布料或珠宝中，定制气味。

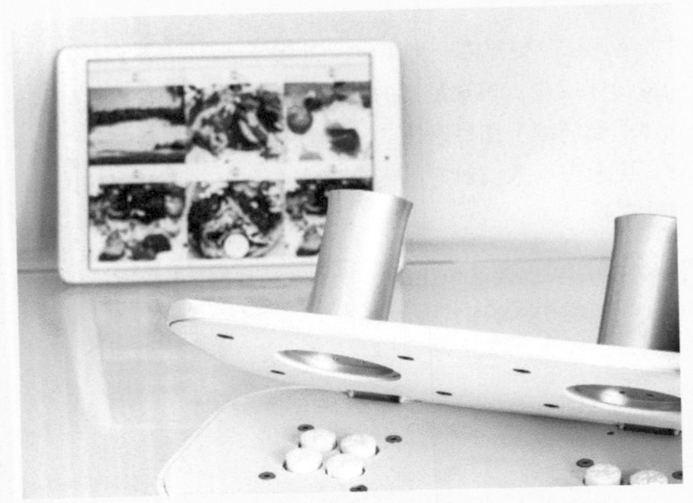

图2.11　第一代产品oPhone Duo

控制气味何时何地发出需要拿捏得当。有一些气味调配系统是对液体进行加工，会散发出不易散去的气味团，还会带出大量水蒸气，虽然这样做我们可以闻到气味，但会闻不到其他气味。而oChip内置干燥的香气材料，一阵清风吹过，留下淡淡的芳香，不浓重，刚刚好。oPhone还可以散发出混合气味，而不是单一的气味。

2.2　知觉与设计

客观事物直接作用于人的感觉器官，产生感觉与知觉。知觉是在感觉基础上对感觉信息整合后的反应。在日常生活及产品操作中，知觉对来自感觉的信息综合处理后，对产品及其操作做出整体的理解、判断或形成经验。

知觉是心理较高级的认知过程。知觉活动是一个信息处理的过程。在此过程中，有许多知觉规律可以遵循。

知觉又称感知，其定义有多种。1986年，Roth认为“知觉是指外界环境经过感官器官而被变成为的对象、事件、声音、味道等方面的经验”。通常认为知觉是人脑对直接作用于感觉器官的客观事物的各个部分和属性的整体反应。在一定的外界环境中，刺激物与感觉器官之间相互作用，外界信息传入大脑对信息整合处理的过程。知觉是心理较高级的认知过程，涉及对感觉对象（包括听觉、触觉、嗅觉、味觉、视觉对象）含义的理解、过去的经验或记忆及判断。在感觉对象中，来自视觉和触觉的感知是最多的，也是我们研究的重点内容。在新产品中，有可以闻到香味的儿童卡片，也有可以食用的书，这些产品扩展了人们在嗅觉和味觉方面的感知。

在日常生活及产品操作中，知觉是通过各种感觉的综合对信息进行处理后起作用的。比如，我们进行驾驶汽车的操作。手握方向盘，触觉可以感受到方向盘的形状及转动，以配合需要转向的方向。眼睛注视前方及左右视镜，来观察所处的情景，是否需要处理位置的改变及速度的改变。在汽车行进过程中还可以听外面的风声，以进一步确认车辆的行驶状况。

用户操作产品的过程，首先是一个知觉的过程，因为在每个具体的操作步骤中知觉都起着重要的作用。

用户在操作产品过程中，每一个具体的操作都包含知觉的过程，而这个过程大多包含寻找、发现、分辨、识别、确认、搜索等。以上的这个知觉过程可以反复多次出现，直至操作动作的完成。其中寻找的过程是发现相关有用信息的过程，是信息收集分析再确认的一个过程。这个最终会以发现有利于操作的一些信息为终止继而转入下一个发现的阶段。在这个阶段，可能会有多个信息，需要辨别在此步操作中需要的那个信息。通过分辨这个过程识别出当下操作步骤的信息和提示，再确认操作。例如，我们对洗衣机的操作如下：第一步，我们需要参看我们的外部环境，搜集洗衣机面板上提供的各项信息；第二步，分析辨别哪些信息是有利于我们的第一步操作的；第三步，开始操作，这时的操作只是操作整个过程中的第一步，可以是点按开关；第四步，转入下一个循环。重复此知觉过程直至完成整个操作。在一个具体的知觉过程中，视觉起着收集信息的作用，知觉起着整合信息的作用，思维起着识别判定的作用，记忆起着搜索的作用。

在每一个知觉的过程中，面对产品产生的感知是完成正确操作的前提。心理学家基布森认为知觉从外界物品感受到的是“它能给我的行动提供什么”？人对任何物品的观察都与行动目的联系起来。他发明了一个新词affordance（提供的东西），可以把它翻译成“给行动提供的有利条件”或“优惠条件”。如平板可以提供“坐”，圆柱可以提供“转动”等。也就是说，知觉所感受的结果不仅仅是物体的形态。在完成操作产品这个行为任务的驱使下，知觉是在寻求利于操作的条件与判断产品所提供的形态便于怎样的操作。实际上，人感觉得到的不仅仅是形状、灰度和颜色，而是获得对行动有意义的实物。我们从以下几类知觉进行具体的分析。

2.2.1 形状知觉

形状是视知觉最基本的信息之一。我们依靠视觉可以感觉产品具体的形状，包括各种各样的面、各种各样的体。用户在操作过程中，几何形状不是使用者的观察目的。观察的目的在于形状的行动象征意义和使用含义。比如，杯子的形状使人马上想到盛水、喝水，以及怎么端杯子，怎么喝。

我们以坐具为例，坐具最基础的形状就是平面，这种平面可以是任何材料、任何形式结构提供的面。这些各种形式的面都可以给人们提供“坐”的这样一个功能。如果这些面变换成其他的形状，人们依据所给的形状来确定坐的方式。

例如，设计团体Desart以海胆为灵感设计系列坐具，将圆形在靠背、坐垫和扶手上用到极致，再配以红珊瑚图案装饰，靠背彼此分立，外形诡异，视觉上却协调一体，如图2.12所示。

图2.12 “海胆”椅

一般情况下，我们看到的产品上的不同形状，意味着可以采用不同的动作方式来进行操作，具体如下。

平面、曲面——坐、趴、躺；

圆球——滚动、旋转；

凸起或凹陷按钮——按压；

小尺寸圆柱——手握、抓。

作为设计师就应该从用户角度把几何形状理解成使用的含义，从思维方式上更接近用户的需要，以便在设计中提供适合用户操作的形状特征。

2.2.2 结构知觉

结构是指各个部件怎样组合成为整体。当使用任何产品时，用户感到的并不是外观的几何结构，而是零部件的整体结构、部件之间的组装结构、功能结构、与操作有关的使用结构。产品的一般结构知觉与提供的操作有利条件如下。

缝隙——结合方式和结合位置；

面的连接——滑动方式；

圆柱轴的连接——旋转动作；

仿生物的连接——生物自然的动作模仿。

例如，极简风格的潮流正蔓延到各行各业，许多钱包和卡包也在往超薄方面发展，去繁为简无非是减去一切能够减去的部分，所以许多钱包通常会将所有的卡简单粗暴地挤在一个隔间里，但这样也就给用户带来了痛苦的使用体验：难以一眼看到哪张卡是此时此刻需要取用的，同时要将银行卡取出来也同样非常不方便。

DAX 这款零钱卡包提供了一个创新的解决方案，它是世界上首个带拉带的连锁、层叠式零钱卡包。使用时松开 DAX 卡包的搭扣，简单地往上一拉，所有的银行卡、公交卡、名片等就可以整齐有致地分层展现在用户的面前，如图 2.13 所示。

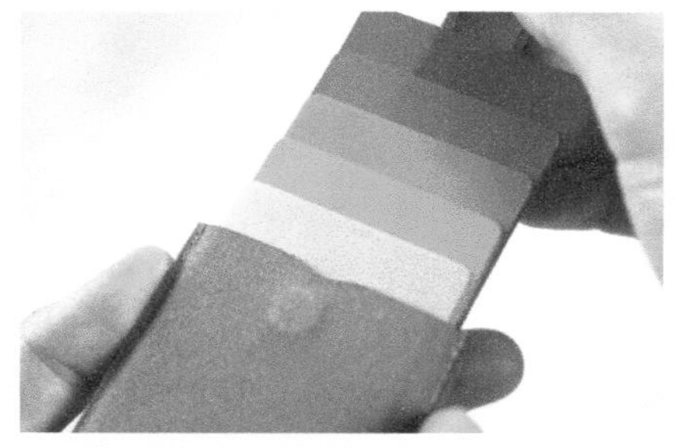

图2.13　DAX零钱卡包

图2.14　卡包背后的简洁插槽

这一独特的设计，不仅让卡片更一目了然和方便拿取，同时也让打开卡包的动作与过程充满了乐趣，甚至可说非常过瘾。

卡包的背后还有一个用激光切割出来的简洁插槽，如图 2.14 所示，很是干净利落，可以存放少许的现金零钱。

拉带上嵌入了一个个小磁铁（见图2.15），“嗒”的声，就可扣稳，防止内部的卡片往外滑出。

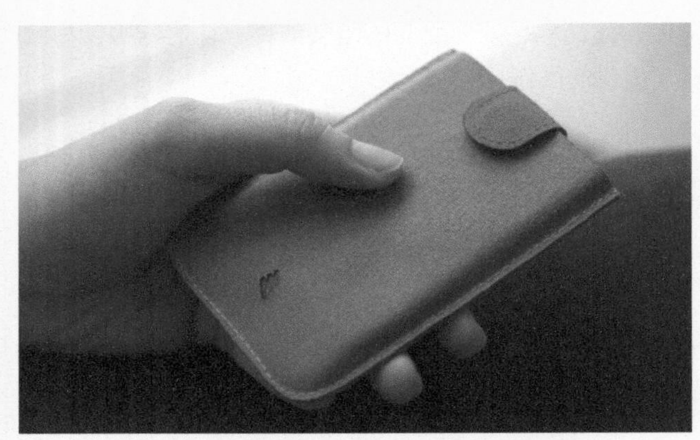

图2.15　拉带嵌入的磁铁可扣稳拉带防止卡片外滑

另外，对于产品的外观结构来讲，产品外壳不仅要满足审美和使用要求，还要符合各种生产工艺。如果设计师只会从几何结构理解产品外观，那么设计时就可能忽略了用户的使用要求和制造要求，这样的东西无法加工。因此，设计师还应当从用户角度、制造工艺角度和功能角度理解产品外观的结构，提供适合的外观结构。

2.2.3　表面知觉

心理学家基布森在研究飞行员在空中的视知觉时，发现飞行员的主要感知来自对陆地表面各种东西的表面机理。这种表面给有意图性的知觉提供了许多信息。在许多情况下主要知觉对象不是形状，所需要的信息主要并不取决于形状。有时候知觉并不需要三维的知觉经验，人们使用环境情景中所含的信息就足够了。这种观点后来也应用到了日常人们使用产品的许多心理过程中。也就是说用户在操作产品的知觉过程中感受到的信息不仅来自形状和色调，而且也来自表面，有时表面信息更重要。

有关表面知觉的主要观点有：各种表面的肌理(包含布局纹理和颜色纹理)与材料有关，是我们识别物体的重要线索之一。任何表面都具有一定的整合性，保持一定的形式，金属、塑料、木材的形状结构各不相同。在外力作用下，有黏性或弹性的表面呈现柔韧以维持连续性，刚硬表面可能被裂断。这些经验使我们不会用石头打计算机的玻璃平面，不会把塑料器皿放在火上烧。因此根据这种表面特性就能够发现很多与操作行动相关的信息。另外，在不同的光线下，不同表面给人不同的心理审美感受。

2.2.4 生态知觉

我们在观察任何东西时，都是从一个特定点位置进行观察。起作用的光线只有射入我们眼睛的那些环境光线，这意味着每一个视觉位置所看到的东西并不完全一样。由于观察视角的改变使得物体的相对位置也在不断变化，而物体的背景也常常发生改变。这就是说人的视觉位置与视知觉感受到的东西密切相关。人的知觉感受到观察角度和环境的影响，我们的知觉是人与环境的统一（图2.16）。

下面是珠宝首饰设计的广告纸浮雕，设计师Jo Lynn Alcorn专注于纸艺作品，纸浮雕具有很强的立体感和艺术张力，能瞬间吸引人们的眼光。她的纸艺随着主题的不同而千变万化。

图2.16　珠宝首饰设计的广告纸浮雕

3. 人的认知层次与模型

REN DE REN ZHI CENG CI YU MO XING

认知的概念从不同的角度有不同的定义。从解决问题的角度，认知是选择、吸收、操作和使用信息来解决问题的过程；从信息加工的角度，认知是输入、变换、简化、加工、存储、恢复和使用信息的全过程；从研究内容的角度，认知是包含知觉、记忆、思维、判断、学习、决策、想象、知识表达及语言运用。设计应该满足用户的需要，其中就包括用户的认知需要。要满足用户的认知需要，必须通过界面设计，给用户提供认知条件和认知引导。

3.1 用户认知三层次

用户认知过程包含注意、记忆及思维三个层次。

3.1.1 注意

注意是心理活动对一定对象的指向和集中。这里的心理活动既包括感知觉、记忆、思维等认知活动，也包括情感过程和意志过程。心理过程的出现，都有一定的针对性和实质内容。认知活动有认知加工的对象，情感过程有所要表达的对象，意志过程也是有目的性地从事某种活动，朝向某个目标。这些心理活动的对象同时也是注意的对象。

指向性和集中性是注意的两个基本特性。指向性是指心理活动在某一时刻总是有选择地朝向一定对象。因为人不可能在某一时刻同时注意到所有的事物，接收到所有的信息，只能选择一定对象加以反映。就像满天星斗，我们要想看清楚，就只能朝向个别方位或某个星座。指向性可以保证我们的心理活动清晰而准确地把握某些事物。集中性是指心理活动停留在一定对象上的深入加工过程，注意集中时心理活动只关注所指向的事物，抑制了与当前注意对象无关的活动。比如，当我们集中注意去读一本书的时候，对旁边的人声、鸟语或音乐声就无暇顾及，或者有意不去关注它们。注意的集中性保证了我们对注意对象有更深入完整的认识。

注意不是一种独立的心理过程。注意是认识、情感和意志等心理过程的共同的组织特性。注意是伴随心理过程出现的，离开了具体的心理活动，注意就无从产生和维持。注意可以说是信息进入我们认知系统的门户，它的开合直接影响着其他心理机能的工作状态。没有注意的指向和集中对心理活动的组织作用，任何一种心理活动都无法展开和进行。所以，注意虽然不是一种独立的心理过程，但在心理过程中发挥着不可或缺的作用。

人们进行行动时所需要的注意分为四种，如图3.1所示。

（1）选择性注意

选择性注意是指个体在同时呈现的两种或两种以上的刺激中选择一种进行注意，而忽略其他的注意。例如，在杂乱的声音中只注意某一人的声音，茫茫人海中只注意到一个人。在一个纷乱的背景下，要想保持自己的注意，就必须提高自己的注意程度，这个过程往往是由意志来完成的。

（2）聚焦性注意

聚焦性注意是指将全部精力聚焦在一个事物或过程上。比如，化学、物理试验中的观察。人在需要的时候，必须把注意高度专注在当前的任务上，克服各种无关刺激物的干扰，从而提高工作和学习效率。

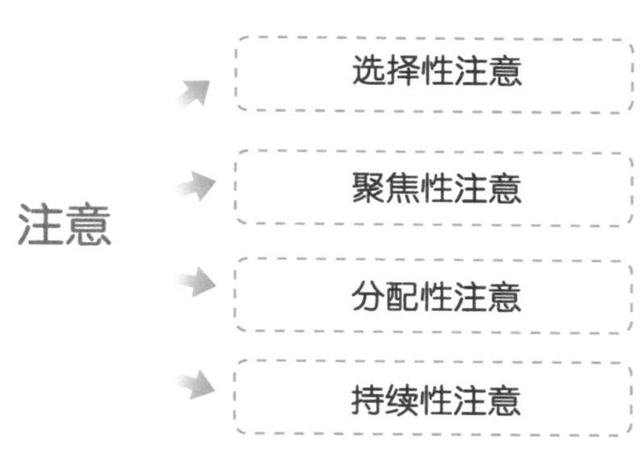

图3.1 四种“注意”

（3）分配性注意

分配性注意是指个体在同一时间对两种或两种以上的刺激进行注意，或将记忆分配到不同的活动中。比如，一边听音乐，一边做饭；开汽车的时候聊天。这些活动中，两个活动中有一个是技能活动，是人们在相当熟练的状态下，进行注意的分割。人不能同时完成对两个不熟练动作的注意，那是因为注意具有指向性。

（4）持续性注意

持续性注意是指在一定时间内注意一直保持在某个认识的客体或活动上。在军事上往往把持续注意称为警戒注意。比如，医生连续注意几个小时进行手术，雷达观测站的观察员长时间注视雷达荧光屏上的光信号。

人的知觉和认知过程不可能同时处理大量信息，人的知觉和认知是有一定加工容量的。各种知觉需要注意，各种认知需要注意，各种行动也需要注意。而注意是一个很有限的资源，超出它的能力、容量、精力、可持续时间，人在知觉、认知和行动中对信息的传送就会失误。因此，在设计时应该把注意作为一个综合的心理因素，把减少对注意的需求放在首要位置。

3.1.2 记忆

记忆是人脑对过去经验中发生过的事情的反映。记忆的过程是经验的印留、保持和再作用的过程，它可以使个体反映过去经历过而现在不在面前的事物。记忆的基本过程是识记、保持、回忆或认知。识记是接触各种事物，在大脑皮层上形成暂时联系而留下痕迹的过程。保持则是将暂时联系作为经验存储在头脑中。回忆指的是过去接触的事物不在眼前时，能回想起来。认知则是过去接触过的事物重现时，能认出来。这三个基本过程是密不可分的。识记、保持是回忆或认知的前提，回忆或认知是识记、保持的结果。

根据记忆存储的不同，可以把记忆分为感官记忆、短时记忆和长时记忆。感官记忆是指刺激形象输入感觉器官后，其保持的时间为0.25~2s的记忆。短时记忆是指信息一次呈现后，保持在1min以内的记忆。例如在电话簿上查到一个不熟悉的电话号码后，在根据短时记忆拨出这个号码后，马上就会把它忘掉。这种记忆的容量也非常有限，一般只能存储5~9个信息项目。如果对记忆内容加以复述，存储量可达10~12个信息项目。长时记忆是指信息经过充分加工后，在头脑中长久保持的记忆。一般能保持多年甚至终身。长时记忆的容量很大，可能高达数10亿个信息条目。存储在长时记忆中的信息并非实际事物的真实写照，而是经过了一个解释加工的过程，因而会出现偏差和更改。能否有效地从长时记忆中提取知识和经验，在很大程度上取决于当初解释这些信息的方法。如果记忆材料具有一定意义或是与已知信息相吻合，存储和提取过程就会容易得多。

从记忆的方式上，可以分为机械记忆、关联记忆和理解记忆。机械记忆是指无须理解材料的内涵，只需记住材料的外在表现形式。需要存储的信息本身没有什么意义，与其他已知信息也无特殊关系。关联记忆中记忆的信息之间存在一定的联系或与其他已知信息相关联。理解记忆是指通过理解进行记忆，这类信息可以通过解释过程演绎而来，无须存储在记忆中，对于这种有意义可以理解的信息记忆起来会比较容易。

在日常生活中，人们遇到的关于记忆的问题往往是人容易遗忘和记错的。通过设计来弥补人的操作记忆弱点，减轻记忆的负荷，是设计的一个重要的思维方式。

例如，雨伞虽然不是贵重物品，可丢失了也会很耽搁事。图3.2所示的这把雨伞的把手处有一个伸缩式绳索密码锁，就像自行车锁一样将雨伞拴到管子上，一般人可是拿不走的。

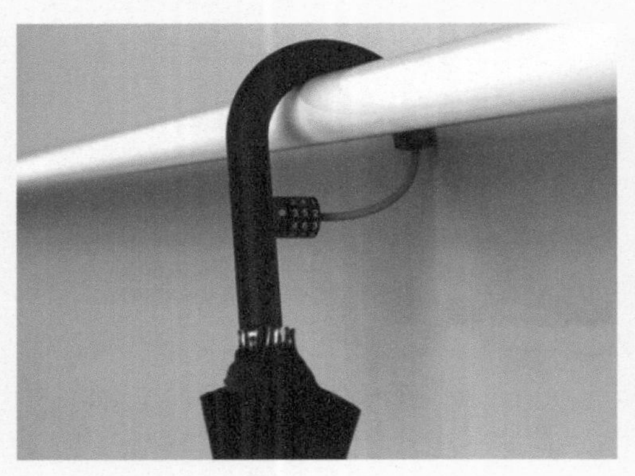
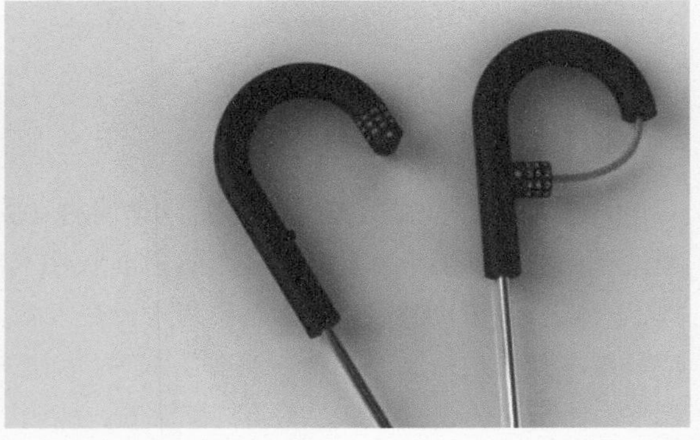

图3.2　自带密码锁的雨伞设计

3.1.3 思维

思维是以感觉、知觉和表象为基础的一种高级的认知过程，它是揭示事物本质特征及内部规律的理性认识过程。

（1）概念

思维是依据人已有的知识为中介，对客观事物概括的、间接的反映。它借助语言、表象或动作实现。例如，人们能通过春天的温暖、夏天的炎热、秋天的凉爽、冬天的寒冷这些具体的感知特性，而认识到四季的更替是自然界一成不变的特定规律，甚至能进一步认识到这是地球围绕太阳公转的必然结果。

思维运用分析综合、抽象概括等各种智力操作对感觉信息进行加工，以存储于记忆中的知识作为媒介，反映事物的本质和联系。这种反映以概念、判断和推理的形式进行，带有间接和概括的特征。

（2）特性

① 概括性。思维在大量的感性信息的基础上，把一类事物的共同本质特性或规律提取出来，并加以概括。思维的基本形式是概念，概念就是把一些具体的现象提取出来概括事物的本质。思维还能概括出事物之间的各种关系，从而形成规律、原理等。

② 间接性。思维活动不直接反映作用于感觉器官的事物，而是借助一定的媒介或一定的知识经验来反映外界事物。这个媒介通常是各种符号，包括声音、图形、动画、文字等。每个人的思维借助的媒介是不一样的，有些人倾向用文字推理，有些人倾向画面思维，有些人倾向用对话方式进行思维，有些人倾向用声音或音乐进行思维。

③ 思维过程的不确定性。人的思维是很复杂的，它往往有一定的连续性和跳跃性，并且在思考一个问题时，思维被注意集中在问题的解决过程中，往往不记忆思维过程。

④ 思维方式的多样性。对待同一个问题，不同的人思维方式并不一样。有些人按照一个思维链进行逐步思考。有些人的思维受情绪的主导，情绪变化很快，导致思维也变化很快。在具体的产品操作上，有的用户按照用户手册的规则来进行思维，有的用户注意产品的反馈来进行思维，有的用户按照自己的主观愿望来进行思维。这些都说明，人的思维方式是多种多样的。对于同一个操作，人们采用的思维方式不同，得到的思维的结果也不尽相同。

（3）思维的种类

思维是复杂的，各种思维其性质显著不同。思维可以从不同的角度进行分类。根据思维活动内容与性质的不同分类，可以分为动作思维、形象思维和抽象思维（也称逻辑思维）。

动作思维是指思维主要依靠实际动作来进行，动作停止，思维也就停止。比如，两岁前的婴幼儿尚未掌握语言，用的就是这种思维。形象思维是指以直观形象和表象为支撑的思维过程。比如，艺术家在美术及音乐上的创作，往往是以这种形象思维作为引导。抽象思维是指借助语言形式，运用抽象概念进行判断、推理、得出命题和规律的思维过程。其主要特点是通过分析、综合、抽象、概括等基本方法协调运用，从而揭露事物的本质和规律性联系。

从具体到抽象、从感性到理性认知必须运用抽象思维方法。抽象思维可分为经验思维和理论思维。人们凭借日常生活经验或日常概念进行的思维叫作经验思维。儿童常运用经验思维，如“鸟是会飞的动物”“果实是可食的食物”等属于经验思维。由于生活经验的局限性，经验思维易出现片面性和得出错误的结论。理论思维是根据科学概念和理论进行的思维。这种思维活动往往能抓住事物的关键特征和本质。学生通过系统地学习科学知识，来培养训练理论思维。

（4）日常生活中常用的思维

一般来说，在日常生活中往往并不是以逻辑思维为主，实际行动中的思维更多的是按照自己过去的经验去计划、去解决问题，而不是按照逻辑演绎的理性规则进行。日常生活中常用的思维有以下几类。

① 模仿式思维。模仿式思维是按照比照的规则进行思维。比如，在操作产品时，先学习产品手册上的操作步骤，然后严格按照手册上的步骤进行操作，这就是模仿式思维。

② 探索思维。当人们失去经验依据，无法判断一个陌生现象时，往往试探性地做出一个行动，来观察有什么样的反馈或结果，然后再根据这个反馈或结果，进行试探性的另一个行动，如此一步一步地接近目标。这种以实际的行动进行思维的过程，就是探索思维，它实际是一种尝试的方法。

③ 以日常经验为基础的思维。以“行为-效果”系的经验思维是常用的一种思维。在实际中，我们关注的是自己的行为结果，把自己的行动与结果联系起来，构成因果关系。基本思维结构是“当我采取某个行动时，得到了某个结果”。学习操作各种机器、工具的基本思维方式就是建立这种因果关系。按照这种思维方式我们积累了许多经验，构成了许多知识。我们操作各种工具、机器、家电等主要是来自这种思维。

另外，在实际生活中，我们关注行动方式，善于从形状的含义发现行动的可能性。任何一个实物都具有一定的结构，特别对于机械类的产品，从它们的结构可以看出功能、行为过程、行为状态等，这些产品的使用经验也是我们常常用到的一种基本方式。

再者，我们也常常使用以“现象-象征”为基础的思维。通常我们把一个状态或现象作为象征，表示另一个自己关注的事件，它的基本思维结构是“当出现某个现象时，象征出现了什么结果。”例如，大型发电厂中的操作员进行系统监督时，往往把各种状态现象看做“安全”或“不安全”的象征。

④ 以情绪为基础的思维。以情绪为基础的思维往往以愿望或者想象作为思维的出发点。比如，人们想象、推测认为某个产品可以完成某个功能，但事实情况有可能相反。

3.2 用户模型

3.2.1 用户相关概念

产品的用户范围是广大的，这就决定了用户的多样性。设计者要对产品所面向的人群做一个细致的分析，以便建立各种用户模型。

（1）用户分类

产品的使用者就是用户，但使用者不一定是消费者，买“脑白金”的多数不会自己使用，买儿童用品的几乎不会是自己使用，所以对于这种产品营销手段上要针对消费者，设计手法上要针对使用者。如果设计上只顾包装美观，而不讲究质量，那就是背离了设计师的基本职业操守。我们可以知道用户不一定是消费者，用户的范围要大于消费者。另外，产品的一部分使用者是潜在的，是即将或者有机会接触到此产品的人群。

根据用户对产品的使用经验及熟悉程度，用户可以分为以下几种。

① 新手用户。第一次使用产品的人或是还没有使用过产品、还没有学习操作知识的使用者，称为新手用户。对于新手用户来说，由于从来没有使用过产品，就必须综合他们已有类似产品的使用知识及经验来学习产品的操作过程。新手用户是设计师的主要调查对象之一，从这些调查中，可以了解到他们已有的操作使用经验，从而解决面对新手用户怎样减少他们面向机器操作的学习。

② 一般用户。一般用户也叫平均用户或普通用户。他们能够操作产品，但不能够对产品进行熟练操作，如果长期不操作，有可能忘记所学习的知识。在面临非正常操作情况或新问题时，往往不能解决。

③ 专家用户。专家用户又称经验用户。首先，这样的用户对产品极其熟悉，他们不仅了解现有的产品，包括同类产品的类别、型号、厂家、细节、产品的操作性能，还对产品的不足之处，包括操作中容易出现的问题也了如指掌。其次，他们在产品所在领域通常具有10年以上的操作经验，当然在计算机这个行业，这个年限可以大大缩短。他们对产品的纵向发展历程及横向相关领域的信息都非常熟悉。最后，他们操作产品的许多技能都已经成为习惯，

比设计师更有使用经验，并且由于大多数专家用户具有较高的信息分析和综合能力，往往可以对产品进行改革创新。

专家用户对设计者来讲十分重要。通过专家用户的访谈，设计师可以深入地、系统地了解用户的普遍特性，并汲取和总结他们的经验进一步发现问题。这对产品的创新有重要的意义。通过与专家用户的访谈，还有利于调查问卷的设计，使得设计的调查问卷能抓住关键，从而保证设计问卷的有效性。

④ 偶然用户。有些人不得不使用这个产品，例如，公用电话机；操作员不在时，自己用复印机复印一些资料。他们并不情愿使用这些东西，却又没有其他办法，这些人称为偶然用户。偶然用户在使用产品时很典型的一种心理就是陌生感和惧怕感，总是担心哪一步操作错误，引起不必要的麻烦。消除偶然用户的这种心理，可以从多方面考虑，比如，增加产品界面的友好程度，采用一些方法改变产品的原有形象。最重要的是要引导偶然用户实现正确的操作过程。也就是让偶然用户了解自己做的每一步操作是否正确、下一步操作是什么。这就要设计者设计的产品界面满足用户的操作期待。

图 3.3 是对这四种用户的总结。

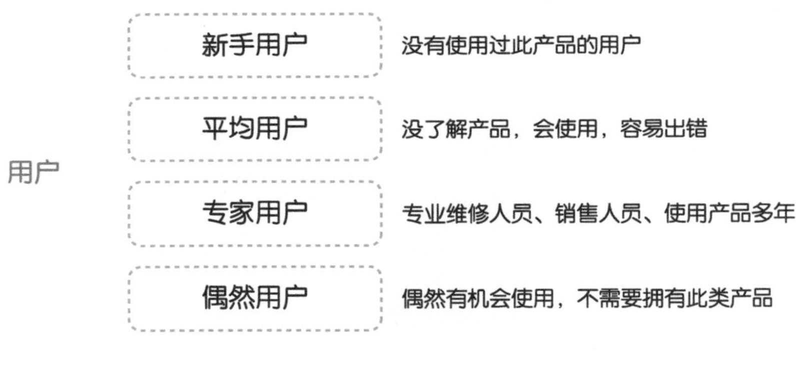

图3.3　用户类型

（2）用户分析

设计的产品所面向的人群具有不同的特征，对其进行细致分析是产品满足用户需要的关键所在。用户的分析可以从生理特征和社会特征两个方面来进行。

用户的生理特征，也可以说是目标用户的生理特征。用户的生理特征包括性别、年龄、左右手倾向、视觉情况、是否有其他障碍等。不同的生理特征，具有不同的产品需求。比如，女性手机的需求，可能是美观时尚、色彩柔和、形状圆润。而男性手机可能就要求稳重大方、功能方便。

用户的社会特征包括生活地域、受教育程度、工作职位、经济收入、产品使用经验等。具体地说，就是在用户所居住的地域对产品有什么要求；用户是否受过高等教育，文化程度的高低，素质的高低；用户工作地点、环境是怎样的，每天工作时间是多少，时间如何分配；用户收入在哪一个等级；用户有无使用过同类产品，熟练度如何等。了解这些是为了更好地了解用户的需求，这些会直接影响所设计产品的产品风格、表达方式。

3.2.2 用户的价值观

对工业设计师来说，设计什么、怎样设计，首先要考虑和了解用户的价值观念，这种价值观念决定了用户对什么样的产品是认可的。这种认可涉及信仰、文化、情感、认知、思维、行为等方面。这些因素对每个人的行为、选择、行动、评价起着关键的作用。

（1）用户的价值观

什么是价值？菲德认为“价值是经验的有机总和，它涵盖了过去经历的集中和抽象，它具有规范性和应该特性”。价值给人们提供了判断标准，影响人们对事件及行动的评价。价值也是人们情感寄托的基础。任何文化都具有价值标准，它主要包括三个方面：第一，认知标准，是指各种文化中多年沉淀下来的对一般事物的普遍看法及对真理的认同标准，比如，中国人认为女性生孩子以后一定要“坐月子”，不能碰凉水，而西方的文化里，在女性生完孩子后第二天就可以吃冰激凌；第二，审美标准，我们中国人的审美中普遍认可柔和、婉约的东西为美，西方国家则认可几何的直线形为美；第三，道德标准，各种文化都具有道德的评判标准，尊老爱幼是我国的传统标准，而西方比较尊重个人的权利及隐私。

核心价值观念是一个人或者一个社会普遍认可并为之共同追求的价值观念。从社会层面上讲，中国以家庭为核心，“家和万事兴”。而西方，如美国的核心观念是个人英雄主义，认可个人奋斗实现个体价值。从产品设计层面上，工业革命二百年以内，人们都是认可“机器为中心”的核心价值观，而直到今天人们才越来越认可“以人为中心”的核心价值观。

任何一个产品的设计都是为了满足一定社会里一定人群的需要，那么了解他们的核心价值观念是至关重要的。设计师要抓住“以人为本”的价值核心，设计新的产品，满足人们的需要，而这些新的产品必须是符合人们各种价值观念的，如审美观念、文化观念、认知观念等。

例如，随着生活水平的日益增强，人们对于饮食更为关注，单纯吃得饱已经不是唯一目的，如何能吃得好、吃得健康已成为我们关注的话题。通过摄取美味可口的饮食获取身体机能所需的营养，不过度摄取糖分、脂肪等物质是许多注重生活质量的人的追求。

图3.4　大冢制药SOYSH饮料

大豆经常被描述为“田里的肉类”，它是植物性蛋白质、维生素、矿物质、膳食纤维和独特的大豆营养成分的重要来源，世界各地的研究人员和专家对将大豆作为食物来源有着相当大的兴趣。在日本，大豆被消耗在传统食品如豆腐（豆腐）、大酱（发酵豆沙）、纳豆（发酵的黄豆）和豆浆上。但不少消费者受不了大豆独特的气味和口感。提供一个简单的方法，以获得黄豆的营养价值，因而大冢制药开发出SOYSH（图3.4）这种可轻松摄取大豆成分的饮料，来取代大豆加工食品。

SOYSH是一种用大豆磨碎后做成液体，再加入碳酸的新型饮料。含在口里，除了大豆独特的味道外，碳酸的刺激感也会在口中扩散开来。适度的甜味和碳酸效果的辅助下，用户喝下会有清爽之感。加入碳酸的目的在于它的清爽中和了大豆特有的后味（图3.5），可消除消费者的抗拒感。

图3.5　更清爽的口味却获得同样的营养

（2）目的需要和方式需要

对核心价值的具体描述分类称为目的价值，实现目的价值的各种具体方式称为方式价值。目的价值是根本，方式价值可以直接对产品设计进行指导。目的价值对应的需要是目的需要，方式价值对应的是方式需要。交通出行的目的需要和方式需要如图3.6所示。

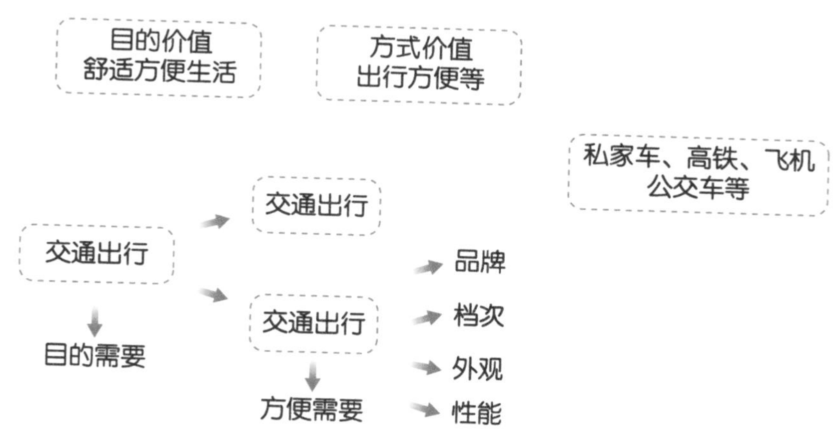

图3.6　交通出行的目的需要和方式需要

对于设计师来讲，发现目的需要很重要，设计的多样性主要来自方式需要。设计师要在了解社会核心价值及个体核心价值的前提下，分析人们的目的需要及人们目的需要下的方式需要，从方式实现目的入手，开发新的产品，引领新产品发展的方向，从而影响人们的生活方式。

3.2.3　用户模型

用户模型是设计师应当具有的关于用户的系统知识体。例如，用户的要求、用户的价值观念、用户的行动特性、操作时的思维方式等。建立用户模型的意义在于帮助设计师在设计之前形成对产品服务对象的整体知识体系，从而减少设计的盲目性，为设计提供可靠的理论依据。一个完善、合理的用户模型能帮助设计师理解用户特性和类别，理解用户动作、行为的含义，以便更好地控制系统功能的实现。建立用户模型的主要参考为行动心理学、认知心理学和社会心理学等。

（1）理性用户模型

理性用户模型是心理学家诺曼建立起来的。他把行动分为四个阶段：意图阶段、选择阶段、操作实施阶段、评价阶段。具体如图3.7所示。

在图示的过程中，在意图阶段，用户心理形成操作目的意图。在选择阶段，用户的有些意图可以直接转化成一个行动，其他意图可能需要一定顺序的操作过程。在操作实施阶段，不断利用评价做出反馈。在行动结束时，做出总评价，评价的标准是是否符合行动的意图。

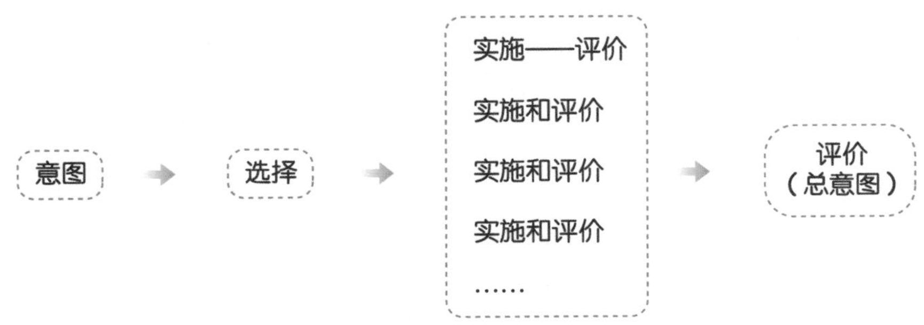

图3.7 理性用户模型

以上对行动的阶段理论高度抽象了各种行动的共同因素。但在各种具体的行动中所包含的心理因素远不止这四个。在任何操作中用户都可能包含发现问题、解决问题、尝试、选择和决策、学习等其他因素。所以说把行动分成四个阶段的用户模型是一种理想的行动模型，也是一种理性的用户模型，它忽略了行动中的具体特性。对于用户操作产品的具体行动，较难解决实际问题。

为了较好地解决设计师关于产品操作中的具体问题，有学者建立起了非理性用户模型，建立任何一个具体的用户行动模型，都必须针对具体问题，进行具体分析。

（2）非理性用户模型

建立非理性用户模型的基本出发点除了考虑一般的理性因素外，还要考虑非正常情况下的情况。例如，非正常心理因素、非正常环境因素、非正常的操作状态对用户行动的影响。

非理性用户模型打破了以往以理性思维为核心、不考虑用户的心理、惯用统一的模式调查，建立了数据库的设计模式。

非理性用户模型都是来自某个具体的设计对象，因为对象不同，知识体系就不同。许多用户模型在整体上基本相似，这是源于人的认知的普遍性，但涉及具体问题就会有所不同。例如，同样以产品设计为例，体力劳动工具的设计和脑力劳动的设计就会不同。所以面向某一类的设计问题，是没有作为标准统一的用户模型的。在进行实际产品的设计时，可以参考用户模型的设计方法，对每个具体的产品建立具体的用户模型。

一个用户行动模型主要应该描述用户操作特性，一般来说可以从两个方面进行分析和描述，用户思维模型和用户任务模型。思维模型主要是观察分析用户的思维方式和思维过程。任务模型是观察分析用户的目的和行动过程。

① 用户思维模型。思维模型是用户大脑内表达知识的方法，又称认知模型。例如，用户如何感知产品运行情况、怎么应付突发情况等。设计师考虑用户的思维操作方式，由此提供

与之相符合的人机交流界面，可以很大程度地提高设计的可用性。

思维模型包含以下几个方面。第一是环境因素，它包括用户、其他相关人员、操作对象、社会环境与操作环境、操作情景。第二是用户的知识，它包括用户对一个产品的使用知识，也就是在以前的经验中所总结的关于产品怎样操作的概念。第三是用户行动的组成因素，主要包括感知、思维、动作、情绪等。感知是指操作中用户的感知因素（如视觉、听觉、触觉等）和感知处理过程，带有目的性和方向性。比如，在操作计算机时，什么时候想看（寻找、区别、识别）什么东西，在什么位置上看，在什么方向上他想听什么，想感触什么样的操作器件。思维包括用户对操作的理解、对语言的表达和理解、用户的逻辑推理方式、解决问题方式、做决定的方式等。动作是指用户手和其他人体部位的操作过程。人的操作是由基本动作构成的，与动作习惯、操作环境和情景有关。

② 用户任务模型。任务在心理学中被称为行动。按照动机心理学，一个行动包括四个基本过程，也就是理性模型的四个阶段。非理性用户任务模型更多关注情感、个性和动机等非认知因素。非理性用户的核心思想不存在普遍适用的用户任务模型，针对每一个具体设计项目，都必须进行用户行动过程的具体调查，系统了解他们的行动特性，建立具体的用户任务模型，用户任务模型是指用户为了完成各种任务所采取的有目的的行动过程。用户操作产品的任务模型包括以下几个部分（图3.8）。

① 建立意图。用户的价值和需求决定其目的和动机。在使用操作产品时用户有许多动机和目的，怎样从可能的目的中选择一个目的，怎样把复杂的目的分解成若干个简单的子目的都是需要考虑的关键问题。

图3.8　用户任务模型

② 指定计划。为了实现目的和动机，用户要建立行动方式，也就是行动计划。行动计划是指确定时间、地点、操作对象、操作过程的计划。

③ 行动计划转化为产品的操作。人的思维到行动方式再到产品的执行方式实现转化的操作。

④ 行动执行。用户操作遇到什么问题，用什么策略去解决，用户每完成一步操作，都会通过各种感知把中间的结果与最终目的进行比较，然后纠正偏差继续行动或中断这一动作。

⑤ 进行评估。完成行动后要检验评价动作的行动结果。对可能性设计来说，要发现用户的全部目的期望、全部可能的操作计划和过程、全部可能的检验评价结果的方法。评估的结果最终可能产生新的意向。

4. 人的审美心理

REN DE SHEN MEI XIN LI

4.1 美的本质

“美是自由观照的作品，我们同它一起进入观念世界，然而应该说明的是，我们并不会像认识真理时那样抛弃感性世界……要把美的意象和感觉能力的联系分开却是徒劳的。”——席勒《美育书简》

人们在谈到一种产品时常说，“这种产品很好用，使用起来得心应手”“这种造型很美观，使人感到赏心悦目”。这些议论实际上已经不单纯是对产品物质特性的认识，而是把产品特性与人联系在一起，说明产品对人具有的意义。它所反映的是主体与客体之间的一种价值关系。价值是衡量客体对于主体具有多大效用的一种尺度。确认产品对人所具有的价值和意义，便是一种评价活动。审美关系是主客体之间的一种价值关系，它反映了对象在什么程度上能满足人的审美需要。产品的美是产品所具有的审美价值，而产品的适用性则是一种功利价值。前者具有的是精神功能，后者具有的则是一种物质功能。对审美价值与功利价值作出严格区分，对设计美学十分重要，这样才能克服“实用就是美”的错误倾向。

为了明确实用与审美的区别，首先要对审美活动的本质特征作出说明。

审美是人们诉诸感性直观的活动，不论在艺术领域、自然界或日常生活中，凡是作为审美的对象，都具有可感知的形象性。形象是事物自身构成的形式特征，所以审美是对形式的观照。凡具有审美价值的事物都具有某种形象性，但并非所有的形象都具有审美价值。美是一种肯定性审美价值，丑则是一种否定性审美价值。丑的因素虽然具有否定性价值，但它又是崇高和滑稽等审美范畴的构成成分。在儿童玩具中不仅有“洋娃娃”，还有“丑娃娃”，娃娃的丑态给人一种性格的诙谐和生活的真实感。审美虽然不同于人的认识，但在审美的感性直观中，不仅包括感知觉，而且包括直觉。直觉是一种理智的直观，是在理解基础上对事物本质的认识。这就使审美不单纯是感性活动，也融合大量的理性内容，但这些内容不是通过概念和逻辑思维取得的，而是审美直觉的产物。

与实践活动不同，审美具有超越直接功利性的特点，不以追求某种实用目的为动机，不能直接满足人的生理的、物质的或功利的需要。所以说，审美的享受，不是对于对象的享受，而是一种自我享受。正如席勒所说“观照（反思）是人对他周围世界的第一种自由的关系。如果说欲望是直接抓住它的对象，那么观照就是把自己的对象推开一段距离，使其不受贪欲的干扰，从而把它变成自己真正的和不会丧失的财富。在反思的时候，那种在单纯感觉状态中绝对支配着人的自然必然性脱离开了人，在感官中出现了瞬息的平静，永远变化的时间本身停止不动了，分散的意识之光集中在一起，使形式——对无限事物的摹写——反映在短暂的背景上。只要人的内心点燃起烛光，身外就不再黑夜茫茫。”

审美判断是人们对于对象作出的审美评价。它把对象作为人的作品和人的自我确证，并且以个体方式进行评价，其中融合着强烈的情感体验。所以说，审美判断是以情感为中介，以生活的逻辑和个体审美经验为依据的，不含有概念的抽象和逻辑的推理。审美判断总是与个体的需要、价值观、气质、趣味以及当时的心境相关联，具有强烈的主观性和个体差异。但是，它又受到社会生活的制约，具有时代的、民族文化的和地域的共同性。

审美活动是一种感受性和创造性相统一的过程。无论是从事审美创造，还是审美接受（观照），都要以审美感受性为基础，都包含着不同程度的审美意象的创造。在鉴赏或接受活动中，离开想象和再创造过程就无法进入特定的审美意境，在创造活动中离开感受性就无法完成审美意象的客观化或物化。这就使美不仅是人的观照对象，而且同时成为主体的心灵状态。

4.2 设计的审美范畴

设计美表现为实用的功能美和精神的审美，设计的美，不仅要体现功能的实用美，而且更要体现在满足使用者审美需求时的艺术美。实用美主要体现在设计所创造的实用价值之中，实用价值作为一种人类最早追求和创造的价值形态，是设计和造物活动的首要价值。设计实用价值的实现是人类生存与发展的基本前提与保障。在远古时期，我们的祖先为了解决基本的生活需要，开始敲打和磨制出简单的石制工具，这些工具的实用价值体现出实用美的意义。然而，设计艺术仅仅考虑功能的美是远远不够的，这就要求，设计师在设计中，必须考虑设计对象的结构、色彩、材质等美学要素及形式美的相关法则，从而满足使用者内心的审美需求。设计美的构成要素表现在设计所用的材料、结构、功能、形态、色彩和语意上。

在设计中，设计对象的实用价值和审美价值并不是彼此孤立的，相反，两者存在着紧密的内在联系。首先，设计物的审美价值是在其实用价值的基础上产生的，设计物必须具备一定的使用功能，即有效性。其次，实用价值与审美价值是统一在设计对象之中的，两者共同构成了设计对象的综合价值，从而满足人们物质与精神的双重需要，只有这样，设计物的审美价值才有存在的意义。

4.2.1 技术美

技术是与人类的物质生产活动同时产生的。它是调节和变革人与自然关系的物质力量，也是沟通人与社会的中介。正是从这种意义上来说，科学技术才成为第一生产力。但是，技术不仅包含在生产过程中，而且也构成了生产过程的前提和结果。技术作为一种活动和技能，融合在社会生产过程之中，表现为对于工具和成果的制作；技术作为一种对象或成果，提供给人们应用的器皿、器械、设施、工具和机器等，其中机器是不以人为动力来源的工具系统；技术作为一种知识体系，表现为人对自然规律的把握。它们是为了人类的生存和发展，对自然界的改造和利用。

技术对象是技术领域的物质成果，作为人类肢体、感官和大脑的补充和延伸，扩大了人类的活动范围，改善了人类的生存环境，并且推动着整个社会的发展。从旧石器时代各种石器工具的制造，人们在追求效能的同时不断进行形式的改进，由此培育了美的萌芽。直到今天，航天飞行器和各种高新技术成果，无不为人们开拓着新的审美视野，提供新的审美价值。这一切说明，技术美不仅是人类社会创造的第一种审美形态，也是人类日常生活中最普遍的审美存在。

例如，远程桌面计算能力，能向其赋予更大的自由度，使其可在远离办公室的地方工作（图4.1）。而利用高分辨率的投影技术以及触摸表面输入功能，这种概念对远程工作进行了重新构想，让人们能在仅使用一台设备的情况下从事远程办公活动。对于产品演示和客户服务来说，这种概念都能带来完美的体验。

Solo设备是一种存取设备，而并非计算硬件，这种设备允许用户在办公室以外访问必要的软件和系统，从而使得用户可在家中工作，甚至在飞机上也能办公（图4.2）。

图4.1　未来远程办公概念设备Solo

图4.2　多场合使用

除了能为个人用户提供可远程办公的好处之外，这种产品还配备了一个手势识别传感器（图4.3），允许用户进行全角度的输入识别，这意味着任何围坐在这种设备旁边的人都能控制其显示的内容。

图 4.3　手势识别传感器

4.2.2　功能美

如果说技术美展示了物质生产领域中美与真的关系，它表明人对客观规律性的把握是产品审美创造的基础和前提，正是生产实践所取得的技术进步推动人们将自然规律纳入人的目的的轨道，使人超越必然性而进入自由境界。因此，技术美的本质在于它物化了主体的活动样态，体现了人对必然性的自由支配。那么，功能美则展示了物质生产领域中美与善的关系，说明对产品的审美创造总是围绕着社会目的性进行的，从而使产品形式成为产品功能目的性的体现和人的需要层次及发展水准的表征。当然，技术美和功能美是从美的根源和内涵的不同层次作出的考察，两者只是从不同视角对产品审美价值进行界定。

人类对待功能及功能之美的认识有一个不断深化的过程。在 18 世纪以来的近代美学思潮中，美曾是一个与功能、实用价值无关的纯粹性的东西。康德提出的美的自律性和艺术的自律性把功能全都排斥在外，认为美是超越有用性的产物。新康德学派更是强化了美的自律性。在黑格尔以后的德国美学思想中，美是理念性的东西，马克思吸取了黑格尔思想的合理内核，对黑格尔的观点进行了重新阐发，在《1844 年经济学哲学手稿》著作中写道：人类通过自己实践活动，创造出了众多的对象，既包括物质产品又包括精神产品。18 世纪以来的近代艺术与这种美学思潮相适应，实践着“为艺术而艺术”的信条，冲破这种对美的膜拜，是大工业生产实践对实用艺术的迫切需要。当 19 世纪下半叶尤其是进入 20 世纪，机械生产已经能够生产出很好的功能又独具审美价值的产品时，迫使人们重新思考艺术与生活、功能与美的关系；思考的结果，导致了“工业美”“功能美”等诸多新美学观念的产生与确立，使“功能美”成为现代产品美学、设计美学的一个核心概念。

“功能美”的另一个代名词是机器美学，它首先设计的不是对象的审美价值，而是实用价值，现代主义创始人格罗佩斯认为“符合目的就等于美”，合用就是美。现代主义的杰出代表科布西埃也认为：设计是服从于功能的需要以使造型适应于它所追求的目的。格罗佩斯和科布西埃等人从理论和实践两方面推进了机器美学的发展。

功能往往指的不仅仅是实用功能，它还具有使人精神上产生愉悦、给人以心理享受的审美功能，功能是一个综合性非常强的概念，一件设计产品一旦投入市场，进入了人们的生活，它就会对其周围的一切产生一定的功能效应，这其中就既有实用经济方面的价值功能，又有审美教育的社会功能，而这所有的功能都为“人”服务的。

功能具有以下几个方面的内容。

（1）物理功能

它包括产品的使用安全性和基本操作性能、结构的合理性等。

（2）心理功能

它包括产品的外观造型、色彩、肌理和装饰要素对使用者产生的心理作用等。

（3）社会功能

它包括产品象征或显示个人的社会地位、身份、职业、阶层、兴趣爱好等。

由于产品最主要的功能是将事物由初始状态转化为人们预期的状态，因而产品的结构、工艺、材料等物理功能成为首要考虑的因素，同时产品的设计服务对象是“人”，因此还应该对产品的心理功能及社会功能引起充分的重视。

一般而言，人们设计和生产产品，有两个基本的要求，或者说设计产品必须具备两种基本特征：一是产品本身的功能；二是作为产品存在的形态。功能是产品之所以作为有用物而存在的最根本的属性，没有功效的产品是废品，有用性即功能是第一位的。设计的美是与其实用性不可分割的。产品的功能美，以物质材料经工艺加工而获得的功能价值为前提，可以说功能美展示了物质生产领域中美与善的关系，说明对产品的审美创造总是围绕着社会目的性进行的。

功能美的因素，一方面与材料本身的特性联系着；另一方面标志着感情形式本身也符合美的形式规律。功能美作为人类在生产实践中所创造的一种物质实体的美，是一种最基本、最普遍的审美形态，也是一种比较初级的审美形态。借助于功能美，物的形式可以典型地再现物的材料和结构，突出其实用功能和技术上的合理性，给人以感情上的愉悦。也就是说，功能美体现产品的功能目的性，它既要服从于自身的功能结构，又要与它的使用环境相符合。

功能美的概念具有重大的意义和丰富的内涵。

首先，人工环境和产品构成了我们生活的空间，它们所具有的功能美把社会前进的目的性和科技进步直观化和视觉化地呈现在我们的面前。由此使得对功能美的反思成为人们对社会进步的一种感性和精神的占有。

其次，功能美通过物的组合体现出生活环境与人的生理的、心理的和社会的协调，给人一种特有的场所感和对人类时空的独特记忆。产品是一种适应性系统，成为沟通人与环境的中介。产品作为人的生活环境的组成部分，起着减轻人们生活负担和提高生活质量的作用。具有功能美的产品所体现的人性化特征，使人在接触和使用时不会产生陌生感和对失误的恐惧心理，同时又能使产品与人在精神上保持沟通和联系。

第三，产品是人们日常生活的依托，产品的功能美成为人们生活方式的表征和审美心理的对应物，成为人们自我表现和个性美的一种展示。现代设计把注意的中心由静态的产品转向动态的人的行为方式，从而使产品的生态定位和心理定位成为设计和功能美创造的重心。设计对人们的生活方式发挥着引导作用，功能美有助于人们的生活方式走向更加科学、健康和文明。

第四，产品的功能美通过人与物的关系体验使人感受到社会生活的温馨和人间亲情。设计是重过文化对自然物的人工构筑，它总是以一定的文化形态为中介和表现的。一定的地域文化反映了特有的社会习俗，通过人们的生活方式和习惯、价值观念等反映在产品之中。所以产品的功能美也成为社会习俗美的表现。产品中材料运用的真实感和宜人性、细节处理的精巧和独到、组合配置的均衡等都表现着人们对生活的热爱、勤劳朴实和乐观向上的精神。

最后，产品的功能美是激发人们购买欲和促进商品流通的重要因素。它可以成为产品使用价值的一种展示和承诺，从而不仅满足人们的审美需要，而且传达出产品对于人的效用和意义，成为一种实体的广告。

研究表明人体工程学座椅的舒适性是通过身体动作和位置的变化来适合身体，一个简单的椅子可以为你的身体提供一种舒适的方式，椅子的核心是一个可以灵活变形的软绵材质，它可以允许不同的位置互相变换形状，因此有非常好的适应能力，可调节靠背以最大的舒适度来适应你的身体曲线（见图4.4）。

图4.4　可以变形的椅子

4.2.3 形式美

在自然界中也许人们最容易感受到形式美的魅力。在隆冬的季节，扑面而来的大雪把纷纷扬扬的雪花洒落在行人的外衣上。当你用显微镜去观察雪花的六角形针状结晶时，你会为它结构的精巧和组合的多样性而叹为观止。雪花晶体的对称性是自然界和谐统一的表现。自然界中的物质运动和结构形态充满了比例、均衡、对称、对比和节奏。色彩更惹人注目，著名服装设计师皮尔·卡丹说，“我喜欢运用色彩，因为色彩在很远的距离就可以为人们所看到”。

对于形式和色彩，我国古代美学观认为“人之有形、形之有能，以气为之充，神为之使”“五色之变，不可胜观也”，指出事物的形式是与生命内容相关联的，君形者，神、气也。正是精神或生命内容才使形式相映生辉的。色彩的幻化更是不可胜数。

在这里，人们已经把形式从不同事物内容的联系中抽象出来，把形式的美做了比较和概括。那么人们是怎样感受到形式美的呢？

形式美的运用构成了形式法则，它们体现了不同的形式结构的组合特征，可以产生各异的审美效果。按照质、量、度的关系去研究形式美的规律，它包括：节奏与韵律、比例与尺度、对称与均衡、对比与协调、统一与变化等。

（1）节奏与韵律

在艺术设计中，节奏和韵律是造型美的主要因素之一，优美的造型来自节奏韵律关系的协调性和秩序性，节奏产生韵律，它源于自然界，是自然界普遍存在的自然现象，节奏和韵律在本质上是一致的。

在造型设计中，节奏感来自重复的形态。重复也是一种常见的自然规律，就是具有同样性质的东西反复地排列，在大小、方向、形状上基本保持一致。设计中的重复以一定的空间来表达，设计的节奏是建立在形的重复的基础上，相同的形态重复排列组合可产生节奏感和韵律感。自然中的节奏与韵律如图4.5所示。

（2）比例与尺度

比例构成了事物之间以及事物整体与局部、局部与局部之间的匀称关系。在数学中，比例是表示两个相等的比值关系如$a : b = c : d$。比例的选择取决于尺度和结构等多种因素。世界上并没有独一无二的或一成不变的最佳比例关系。尺度则是一种衡量的标准，人体尺度作为一种参照标准，反映了事物与人的协调关系，涉及对人的生理和心理适应性。在大城市中，如天安门广场等空间环境所依据的是一种社会尺度，它适应于大量人群的活动需要。

古希腊数学家毕达哥拉斯首先发现了黄金分割。黄金分割是指将整体一分为二，较大部分与整体部分的比值等于较小部分与较大部分的比值，其比值约为0.618，这个比例被公认为是最能引起美感的比值。

古希腊的神庙建筑、雕塑和陶瓷制品以及中世纪教堂都采用过黄金分割的比例（图4.6）。近代巴黎埃菲尔铁塔底座与塔身的高度也采用了黄金分割比，现代建筑大师柯布西埃利用黄金分割比构成一种建筑设计的模数。我国数学家华罗庚（1910—1985）在推广优选法时，也提出以0.618作为分割和取舍的根据。

图4.5　自然中的节奏与韵律

图4.6　古建筑中的黄金分割比

（3）对称与均衡（图4.7）

对称是事物的结构性原理。从自然界到人工事物都存在某种对称性关系。对称是一种变换中的不变性，它使事物在空间坐标和方位的变化中保持某种不变的性质。如人的面部是左右对称的，而人在照镜子时在人的形象与映象之间则形成一种镜面的反射对称，它产生左右侧面的互换。一个圆是以一定半径旋转而成，因此构成了一种旋转对称。此外，还可以通过平移或反演等方法形成不同类型的对称。

均衡则是两个以上要素之间构成的均势状态，或称为平衡。如在大小、轻重、明暗或质地之间构成的平衡感觉。它强化了事物的整体统一性和稳定感。均衡可分为对称的和不对称的，图4.7左边表现为中心两侧在质和量上的相同分布，给人以

（a）印度泰吉·玛哈尔陵

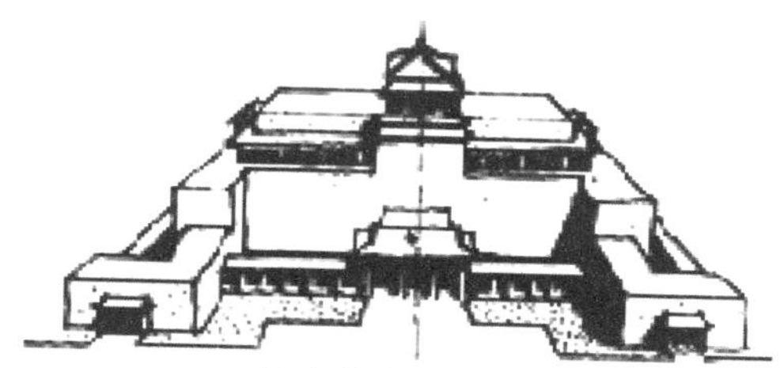

（b）北京中国美术馆

图4.7　建筑设计中的对称与均衡

庄重、安定和条理化的感觉；右边则通过中心两侧的不同质和量的分布造成均衡，给人一种生动活泼和动态的感觉。

（4）对比与协调

对比与协调反映了矛盾的两种状态。对比是对事物之间差异性的表现和不同性质之间的对照，设计中通过不同的色彩、质地、明暗和肌理的比较产生鲜明和生动的效果，并形成在整体造型中的焦点。由于对比造成强烈的感官刺激，容易引起人们的兴奋和注意，形成趣味中心，使形式获得较强的生命力。对比基本上可以归纳为形式的对比和感性的对比两个方面。形式的对比以大小、方圆、线条的曲直、粗细、疏密，空间的大小、色彩的明暗等对比吸引视线。感觉的对比是指心理和生理上的感受，多从动静、软硬、轻重、刚柔、快慢等对比给人以各种质感和快感的深刻印象。协调则是将对立要素之间调和一致，构成一个完整的整体，如刚柔相济、动静结合、虚实互补，使不同性质的形式要素联系在一起。协调是使两个以上的要素相互具有共性，形成视觉上的统一效果。协调综合了对称、均衡、比例等美的要素，从变化中求统一，满足了人们心理潜在的对秩序的追求。

设计中采用对比使构成要素差异强烈，从而展现丰富多彩的产品形态。对比可以使形体生动、个性鲜明，成为注视的焦点，是取得变化的重要手段。协调是指同质形态要素形、色、质等诸多方面之间取得相似性，构成要素趋向统一。对比是强调差异，而调和则是协调差异。在产品形态设计中对比与协调实际上是多元与统一的具体体现。

贝聿铭先生设计的苏州博物馆（图4.8），硬朗的石材与柔美的水面相辅相成，对比与协调之中呈现出丰富、迷离的视觉体验。

图4.8　苏州博物馆

（5）变化与统一

变化是由运动造成新形式的呈现，它可以渐变的微差形式或序列化形式构成不同的层次。层次是变化的连续性所形成的过渡，可以将两极对立的要素通过变化组合在一起，给人以柔和而蕴含丰富的感觉。由正方形向圆形的渐变中，既可保持一定的基本形，又给人以丰富的变化感觉。

整体的统一性是任何设计构图的基本要求。完形心理学认为，知觉总是把对象看作一个统一的整体，从而形成图形和背景的分化。图形是视觉注意的中心，而其余的便被排斥到背景中，成为图形的衬托。因此，多样性的统一构成和谐，有其完整之美，给人以强烈的整体感，如图4.9所示。

图4.9　平面构成中的变化与统一

4.2.4　生态美

现代生态观念是在科学技术和社会生产力高度发展的基础上形成的。生态美的审美观超越了审美主体对自身生命的关爱，也超越了役使自然而为我所用的价值取向的狭隘。生态美的范围极其广泛，它不仅表现在人与自然的关系中，如生活环境中的蓝天、碧水和绿树成荫，而且表现在人的生活方式和社会生活的状态之中。作为城市景观的生态审美内涵包括以下几个方面：首先是生活环境的洁净感和卫生状况；其次是环境的宜人性，可以给人以生理和心理的舒适感，最后是道路的畅通和交通的发达也直接关系到人的生存状态；此外，空间的秩序感，布局的合理化和情感化，城市功能和结构的多样性等都关乎社会生态。而作为人生境界，生态美则涉及整个人的生命体验与对象世界的交融与和谐。

下面，一起来欣赏下易德地景观设计——鱼池城市（图4.10）。

设计师们努力地建立一个大家都想拥有的城市形态，但这并不意味着是幻境的制作。在这个城市中，有时尚的高楼大厦，有幸福林带，还有无限美丽的天空……

设计师们选择“金鱼”作为入住这个城市的公民，不只是因为它们如抽象化的人间祥物，更主要是它们自身所散发出的一种永恒的艺术魅力！它们展现了中国自古以来文人的审美情趣，在一定程度上寓意了对人生的态度和对世界的认知。从“金鱼”的躯体上可以获得传递美的讯息与符号，从“金鱼”身上可见其附着的中国人自古以来的追求与憧憬。

把数千条鲜红色的“金鱼”装载在城市中一幢幢透明的大楼内。当观者站立在这样的楼宇间，被这样拥挤状态的“金鱼”所拥挤并环绕周身。“金鱼”群们不停游动的身姿以最直接和最有力度的视觉效果传递给观者一种强烈的信号，展示着完美与现实的冲突。城市的建设带动着生活不停的进步，“金鱼”作为一种符号，它们代表了城市发展的契机和本源。

图4.10　景观设计——鱼池城市

幸福林带是鱼池城市中的公园和大氧吧。因为“金鱼”们需要更为新鲜和干净的水质。水通过幸福林带进行生态过滤后而变得纯净清甜，从而提高了城市中公民的生活品质，这就是幸福林带对鱼池城市的重大贡献。

有了纯净的水质是不够的，鱼池城市还需要色彩斑斓的天空。城市的天空展现了梦境从此时此刻开始的梦幻境界。一朵朵烟云围绕笼罩着鱼池城市，它们代表了阳光，随着时间的变化色彩也在不停地变换着。这是没有被污染过的天空，色彩单纯而明亮，好像透过这样的天空就可以看到“金鱼”们的内心世界。

鱼池城市的设计是代表了设计师们对城市发展的愿望和理想。古人说：“天地与我并生，而万物与我为一 。”我们和“金鱼”共处于世间……

4.2.5　艺术美

艺术是人们对社会生活作出的审美反映和精神建构，它以特定的物质媒介将人的感受、审美经验和人生理想物态化和客观化，以艺术作品的形式表现出来。因此，艺术是一种精神生产，艺术品是一种观念形态的产物，它要通过人的精神活动作用于社会生活。

艺术家要通过一定的工具和材料来进行艺术生产，因此，每一种艺术都有它自身的物质载体。

造型艺术中有五种形象的构成要素，这就是线条、形的组合、空间、光影和色彩。

（1）线条

线产生于点的运动，可以表现出内在运动的紧张。线在自然界中有大量形象的表现，不论在矿物、植物和动物的世界中，到处都可以找到。冰雪的结晶构造便是线的造型，植物种子的生长过程，从生根发芽到长出枝条，也是从点到线的运动。各种动物的骨骼也属线的构成，它的变化的多样性令人叹为观止。轮廓是物体外缘形成的线条，达・芬奇说：“当太阳照在墙上，映出一个人影，环绕着这个影子的那条线，是世间的第一幅画。”

（2）形的组合

形的组合是对绘画形象的整体建构，在西方绘画中称为“构图”，在中国画的六法中称为“经营位置”，成为绘画创作的关键。形的组合是由块面和体积组成的结构，它通过时空关系揭示出一种情感意义，使艺术取得情感特质和符号形式。所以说构图一方面联系着各种形体的组合，另一方面涉及作品的立意和构思。一个有机整体的构图，像一个具有磁性的视觉引力场，各种视觉要素之间都会产生力的作用，形成具有不同运动指向的张力结构。艺术品所产生的情调，不仅在于对其结构序列和形式关系的认知，而且具有比联想和回忆更深层的心理根源。艺术的魅力往往是在创造这种象征性形式的过程中产生的。

（3）空间

构图方式涉及人的空间意识和对空间的处理。中西绘画有不同的空间观念和处理方法。西方绘画有一个固定的视点，它往往成为画面的视觉中心。由此形成各种透视关系，线透视造成近大远小，色透视造成近浓远淡，消隐透视造成近清晰远模糊。中国画则不采取一个固定视点，而是用心灵之眼，笼罩全景，从整体看局部，“以大观小”（沈括《梦溪笔谈》）。宋人张择端的《清明上河图》（图4.11），便是时空流动自由、视角变化有序的全景图，它是靠一个固定视点所无法完成的。

图4.11 《清明上河图》

（4）光影

光影构成了绘画中的色调，它反映了物体形象的虚实对比，同时包括了明暗之间的色彩关系。一定体积的物体，它的物像会存在不同的明暗分布。线条是抽象的产物，虽然也可以暗示对象的明暗分布，但由于光是流动的，光影的变化难以单纯用线条来表现。图像在体面造型明暗相宜的光影中可以脱颖而出，更具立体感和雕塑感。

（5）色彩

色彩可以赋予绘画一种质地的真实感和表情性。中国美学认为，以形写形、以色貌色还是低层次的艺术。颜料的色彩有限而自然色彩幻化无穷，以有限逐无穷总会挂一漏万。水墨无色实乃大色，它可以代表一切色。中国画用色讲究“随类赋彩”，只注重类型的概括却不重光色的变化，而墨色是净化和升华了的色彩，它的干湿、浓淡和有无可以反映色彩的斑斓。对色彩的表现是油画的优势，它运用条件色，重视物体在不同光线环境条件下的色彩变化。

4.3 视错觉美学及应用

4.3.1 视错觉美学

生活中，我们常说：耳听为虚，眼见为实。然而，心理学研究却表明：眼睛也常常会欺骗我们，亲眼所见的并非都是事物的本质或真相。这种奇特的现象，心理学称之为视错觉。

视错觉就是当人观察物体时，基于经验主义或不当的参照形成的错误的判断和感知，是指观察者在客观因素干扰下或者自身的心理因素支配下，对图形产生的与客观事实不相符的错误的感觉。

4.3.1.1 视错觉产生的视觉原理

视觉的产生是一个复杂的生理过程：通过光、视觉对象、眼睛共同配合，形成于大脑的视觉感觉。视觉对于人来说更具有深层的含义，视觉的组成包含两个部分，即："视觉生理"和"视觉心理"——视觉生理是产生视觉心理的基础，视觉心理是在视觉生理基础上的进一步的信息加工。视觉生理可以说是与生俱来的反映，不受年龄、地域、文化等后天因素的影响；而视觉心理是一种经验视觉，它受到年龄、地域、文化等众多因素的影响。不过我们在通过视觉去认识和感知事物时，视觉生理和视觉心理是同时发生的。

人类对于事物的基本认识是基于视觉产生的五种生理现象去实现的。

① 明度视觉　视觉的明暗对比、明暗适应；

② 立体视觉　视觉的正倒关系、透视关系；

③ 颜色视觉　视觉的色彩适应、色彩生理；

④ 运动视觉　视觉的假象运动、相对移动；

⑤ 深度视觉　视觉的深度错觉、介入参照。

通过这五种由视觉产生的生理现象，才能使我们认识和感知基本的事物。

视觉知觉的产生过程可以分为四个阶段。

第一阶段为视觉注意，也就是我们主动地去注意或者被动地去注意某些事物。

第二阶段为视觉理解，也就是相对于事物的明度、色彩、形态而言更高级的理解活动，这种理解活动是超越了所观察事物的物理特性的活动。

第三阶段为视觉情绪，也就是由视觉理解所引起的情绪上的变化，这种情绪可以是欢喜、愤怒、悲哀、快乐……

第四阶段为视觉记忆，是由视觉注意、视觉理解、视觉情绪的过程产生的对视觉刺激的记忆。

视错觉是一种更能对观察者产生影响的特殊视觉，它的产生也脱离不了视觉产生的原理，所以视错觉产生也是基于视觉生理和视觉心理的基础，视错觉的表现形式也可以分为两种类型。

第一种类型是基于视觉生理的视错觉，这种类型的视错觉作用于人产生的影响都是相同的，这种类型的视错觉不受观察者的年龄、文化、地域、生活经验的影响。

第二种类型是基于视觉心理的视错觉，这种类型的视错觉作用于人产生的影响就不尽相同，它受到阅读者的年龄、文化、地域、生活经验的影响非常深刻，可以说是一种经验视觉，因此人们对视觉的大小错觉、形状和方向错觉、形重错觉、倾斜错觉、运动错觉、时间错觉等的感受不尽相同。比如荷兰的著名画家埃舍尔创作的一系列矛盾空间的视错觉作品，我们不难发现这些作品之所以会对阅读者产生影响，是因为创作者和阅读者都具有了一定的生活常识和经验。

4.3.1.2　视错觉现象

（1）生活中常见的视错觉现象

① 灰姑娘城堡

东京迪士尼乐园的灰姑娘城堡（图4.12），建筑物外墙上的石头、四周装饰物的大小、每一个个体都是越往上越小，因此在游客的眼里会更加有距离感，这都是为了让城堡看起来更高而特意设计的。

与灰姑娘城堡一样，城市里的楼房建筑如果越往上窗户越小的话，整个建筑物也会看起来比实际的要高。

我们大脑总是认为越是看起来小的东西离得就越远，灰姑娘城堡正是利用了这一点。这就是回廊错觉，一种与距离和纵深有关的视错觉。如图4.13所示，图中有两个天蓝色的梯形，大小相同，但是大多数人会觉得它们大小并不相同。这是因为斜线会给人纵深感，会觉得右侧的梯形在深处。如果大小相同，那么深处的会看起来小一些，但实际上右侧的梯形并没有变小，但仍然让人觉得右侧的梯形比左侧的大。

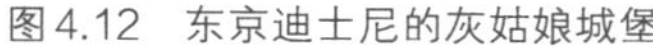

图4.12　东京迪士尼的灰姑娘城堡

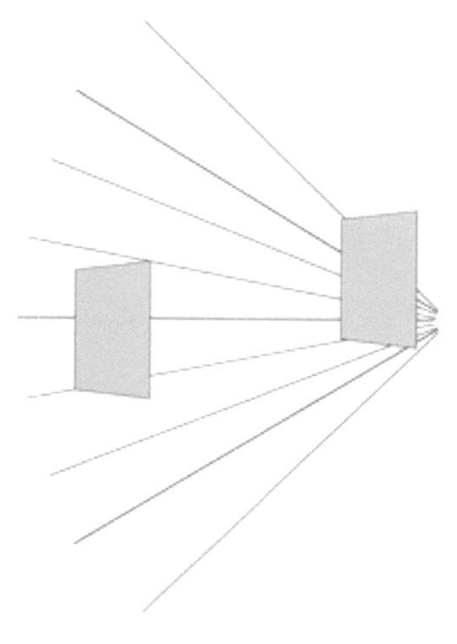

图4.13　由形状引起的回廊错觉

如图4.14所示，通过各种图片、照片也可以制作出回廊错觉，赋予照片诙谐、有趣之感。

图4.14　照片上的回廊错觉

② 道路变窄了

在公路上，有时候会看到被称作“意向减速带”的一种设计。所谓“减速带”就是为了让车速得到控制而在道路上设置的小凸起，利用视错觉，让人感觉路面上就好像真的有减速带一样。

如图4.15所示，我们去很多城市都会看到的3D斑马线，这种斑马线别具一格，由蓝、白、黄三色组成，颜色鲜艳、具有立体感。用立体斑马线模拟路障，主要起到减缓车速的作用，两边的黄色是为了让汽车驾驶员更容易看到。

开车行驶在高速路上，经常会看到道路两侧画有白色点线，如图4.16所示，这也是为了使公路看起来窄些而利用视错觉进行的设计。在道路很窄的情况下，司机通常都会放慢速度小心翼翼地行驶。因此，在容易开快车的地方，为了使车速降下来，就会采取这样的措施。

图4.15　3D斑马线

图4.16　高速路两侧画的白色点线

③ 横条纹和竖条纹哪个显瘦

关于胖子的穿衣哲学，似乎都绕着一个目标——显瘦。很多人都以为穿横条纹的衣服一定显胖，所以许多胖人都不敢尝试穿着横条纹的服装。可是真的是这样吗？如图4.17所示，有些横条纹会比竖条纹更显瘦。

而另一方面，通过图4.18的对比我们发现，竖条纹越多反而显得越胖。

图4.17　“显瘦”的横条纹

图4.18　“显胖”的竖条纹

英国科学家彼得·汤普森(Peter Thompson)也指出横条衣服其实比直条衣服更能让人产生瘦的错觉。汤普森是在英国协会的科学促进节上报告这一研究结果的，汤普森向参加试验的志愿者展示200对妇女的照片，照片上的妇女都穿着有横向或竖向条纹的衣服，如图4.19所示。结果，观看照片者认为，穿横向条纹衣服的妇女比穿竖向条纹衣服的妇女看上去“窄”了6%。

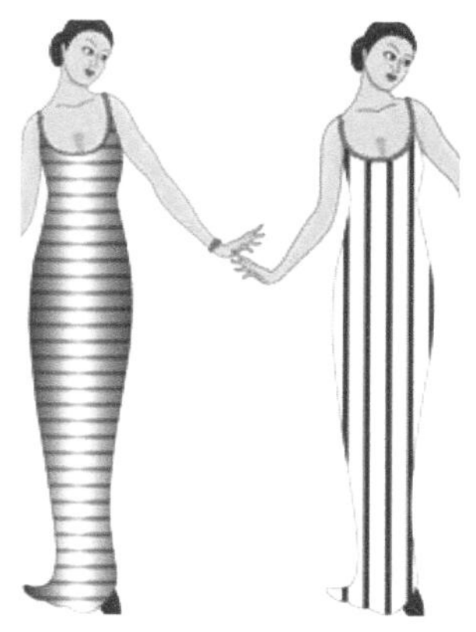

图4.19　横条纹与竖条纹对比

汤普森的灵感来自一个名为“亥姆霍兹正方形错觉”(Helmholtz square illusion)的现象。这是早在18世纪60年代，一个叫亥姆霍兹(Hermann von Helmholtz)的德国心理学家创造的视觉错觉的经典之一。两个大小完全一样的方块，在其中一个方块内平行地画横线，在另一个方块内平行地划竖线。结果，横线的方块比竖线的方块显得略高（图4.20）。

图4.20　亥姆霍兹正方形错觉

④ 法国国旗

我们日常生活中，所遇到的视错觉的例子有很多。比如，法国国旗红、白、蓝三色的比例为35 ∶ 33 ∶ 37，而我们看上去却感觉三种颜色面积相等。这是因为白色给人以扩张的感觉，而蓝色则有收缩的感觉，这就是视错觉。如图4.21所示。

图4.21 法国国旗

（2）自然界中的视错觉现象

① 地平线上的月亮更大

如果你看到过地平线上刚刚升起的月亮，就会发现月亮特别大，好像月亮就近在眼前。这实际上就是著名的“月球错觉”。那么，为什么会出现这样的视错觉呢？

这里就涉及蓬佐错觉（Ponzo Illusion）。如图4.22所示，最简单的情况就是有两根平行等长的短横线，一根在另一根之上，然后在两根横线旁边画了两根斜线。乍一看，上面的横线看起来要比下面的线更长，尽管它们的长度是相同的。

之所以会出现这种错觉，是因为倾斜线使我们认为顶部附近的东西是处于更远的地方，并强迫大脑认为这两条斜线是平行的，只不过是在往远处延伸，就像铁轨一样。虽然两条横线实际上是一样长的，但由于这两根斜线的缘故，在我们的大脑里仍然认为上面那根线所处的位置更远。如果上面那根线更远，我们的大脑就会做出判断，上面那根线肯定要比下面那根线更长。这就是我们的认知方式。

当月亮在地平线上时，大脑会认为它很遥远，要比在头顶时远得多。所以，就出现了蓬佐错觉：大脑就会认为地平线的月亮特别大。对于太阳，也会有着这样的错觉。

实际上，当月亮在地平线上时，它确实是要比在头顶正上方更远，两者相差几千公里（地月平均距离为38万千米）。为什么呢？来看一看图4.23就知道了。

在图4.23中，对站在图上方的A而言，月亮是在地平线上。而站在图右侧的B则会看到月亮在他头顶正上方。很明显，月球距离这两个人是不相同的，月亮离B更近。

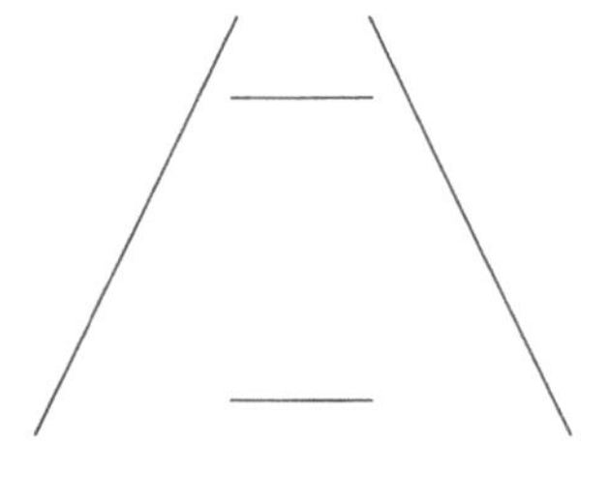

图 4.22　蓬佐错觉

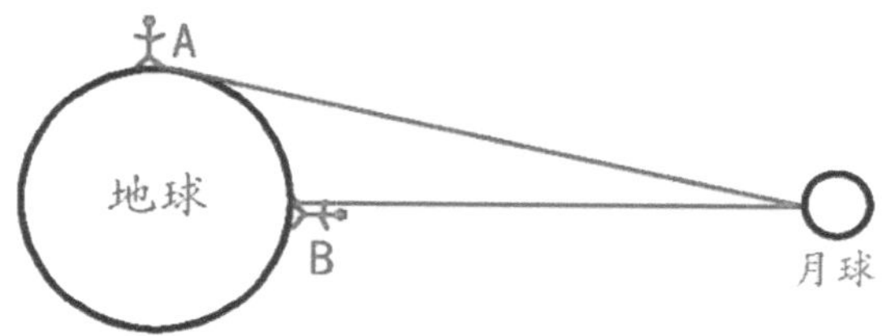

图 4.23　月球错觉成像原理

② 毛里求斯巨大的“水下漩涡”

如图4.24所示，这张航拍照显示，毛里求斯近海出现一个“水下漩涡”，而印度洋仿佛正在这个巨大漩涡中消失。

事实上，这个漩涡只是个视错觉而已，是由毛里求斯沿海的沙子和淤泥沉积物的堆积造成的。

图 4.24　毛里求斯“水下漩涡”

③ 海市蜃楼

海市蜃楼，简称蜃景，是一种因光的折射和全反射而形成的自然现象，是地球上物体反射的光经大气折射而形成的虚像。

蜃景与地理位置、地球物理条件以及那些地方在特定时间的气象特点有密切联系。气温的反常分布是大多数蜃景形成的气象条件。

发生在沙漠里的“海市蜃楼”，就是太阳光遇到了不同密度的空气而出现的折射现象（图4.25）。沙漠里，白天沙石受太阳炙烤，沙层表面的气温迅速升高。由于空气传热性能差，在无风时，沙漠上空的垂直气温差异非常显著，下热上冷，上层空气密度高，下层空气密度低。当太阳光从密度高的空气层进入密度低的空气层时，光的速度发生了改变，经过光的折射，便将远处的绿洲呈现在人们眼前了。在海面或江面上，有时也会出现这种“海市蜃楼”的现象。

炎热的夏天在高速公路上也经常可以看见两个太阳同时坠落的情景。日落时由于光线折射的原因，地平线上的太阳常常看起来好像更大，甚至会变成椭圆形。如图4.26所示的太平洋上的日落照片，就是这种视觉效果的最好体现。严重的折射现象“削平”了太阳的顶部，太阳下面的倒影就是所谓的“下蜃景”。

图4.25　沙漠里的“海市蜃楼”

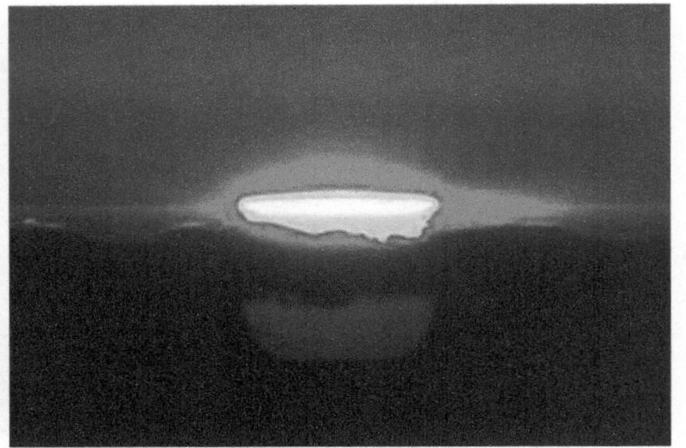

图4.26　两个太阳同时坠落

4.3.2　视错觉美学的应用

视错觉的应用大量存在于现实生活和专业研究中。如美国EPI n d u s t r i e s公司以Pu l f r i c h现象为核心研制出优于3-D的Ci r c l e s c a n4-D技术，使看立体电影所需佩戴的特制眼镜从2片偏振片变为1片灰滤光片和1片透明镜片，成本大大降低；基于色彩恒常性提出的Mc Ca n nRe t i n e x算法对迭代参数改进后应用于彩色图像，其亮度、对比度的处理结果符合人类视觉感知特性，应用在人脸检测中能够较大程度提高识别率。除此之外，Ho t ma i l 、Ya h o o 、Pa y Pa l 等邮箱和论坛使用的CAPTCHA验证系统为防止人工智能体自动注册和信息丢失，验证码通常使用图文结合的形式，根据人类特有的感知判断力进行图灵测试，其中验证环节可使用错觉图片来减少判断误差；而主观轮廓的信息编码方式可以用来研究图像目标轮廓的高效率压缩，以节省存储空间用于网络传输。视错觉还应用于平面艺术设计、建筑工程、脑科学临床研究、跨文化心理学、运动员与飞行员训练、服饰形象设计、道路交通、电影艺术等方面。表4.1对一些领域涉及的视错觉知识进行了整理。

表4.1　艺术和科研领域的视错觉应用

应用方向	所用视错觉种类或知识
建筑设计、室内设计	色彩错觉，建筑元素结构、表面、质感、节奏等方面引起深度错觉等
电影艺术	视觉正后效，事物的多义性和模糊性，对视知觉的心理预测判断导致错觉
平面艺术设计（海报、广告、包装、网页、印刷版面等）	轮廓错觉中的深度和反转错觉，不可能图形，色彩错觉(轻重感、胀缩感、冷暖感)的同时对称，视觉后效，主观轮廓，格式塔知觉组织原则（相似、接近、连续、完整和闭合等）等
舞台美术	尺寸错觉中的深度错觉，色彩错觉，知觉预测制造悬念导致错觉
服饰搭配	色彩错觉，裁减线、分割线、饰品和图案引起尺寸错觉
人像摄影	色彩错觉，尺寸错觉(拍摄角度、拍摄光投射方向等)
飞行员视觉超分辨能力的检验	尺寸错觉(Ponzo错觉、Ebbinghaus错觉、Muller-Lyer错觉等)来检验错开、弯曲、平分、倾斜等识别能力
图灵测试	细胞群错觉中的Scintillating栅格错觉，似动错觉中的RotatingSnake错觉，扭曲错觉中的Cafe Wa II 错觉和棋盘错觉
图像处理和计算机视觉	轮廓错觉中的主观轮廓模型，细胞群错觉中侧抑制错觉的center surround理论提取特征，irclescan4D技术等
信息安全	验证码中使用扭曲错觉等防止邮箱、网站非正常注册
地质制图	尺寸错觉，运动错觉，色彩错觉中的同时和即时对比
体育教学	尺寸错觉中的横竖错觉、面积错觉、深度错觉，重量错觉导致场地、器材的错觉
跨文化研究	尺寸错觉中的横竖错觉、桑氏错觉、ponzo错觉等研究不同地域、受教育程度、肤色人们的心理和知识现状
大脑两半球不对称研究	Mc Collough效应
脑损伤临床研究	以Hering和Wundt等错觉从脑不同部分病变、左右半球不对称性和视觉障碍方面研究几何图形错觉的神经基础，用Hermann栅格等错觉研究失读症

4.3.2.1　视错觉在产品设计中的应用

（1）巨石碑桌

如图4.27所示，由伦敦设计工作室Duffy London设计的系列视错觉桌子，大幅倾斜的桌子支撑部件让人不敢相信自己的双眼，甚至开始质疑重力作用的方式。

图4.27　巨石碑桌

该系列设计的外形取自著名科幻作家亚瑟•克拉克（Arthur C. Clarke）的作品《the Sentinel》，这部作品曾被斯坦利•库布里克（Stanley Kubrick）翻拍成一部科幻电影——《2001太空漫游（2001: A Space Odyssey）》，这部于1968年上映的电影被誉为“现代科幻电影技术的里程碑”。该系列倾倒状的整块底座与上方的玻璃桌面达成了奇妙的平衡，仿佛在马上就要倒塌的一瞬间突然冻结。这种倾倒的独特视错觉形态完全建立在基础物理学及重量分配的原理之上。

（2）亚克力台灯

如果说，你看到的图4.28中的这些立体图案其实都只是一款扁平的玻璃，你相信吗？

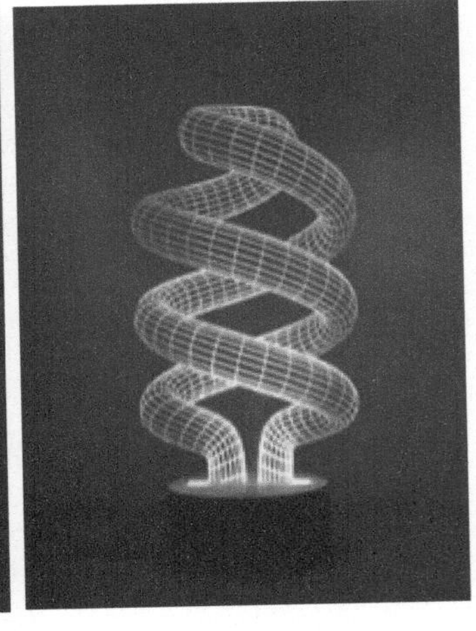

图4-28　亚克力台灯

这些款名为BULBING的台灯灯罩实际上是一块实心有机玻璃板，设计师通过激光雕刻技术在上面刻出类似线框图的图案，被刻出来的线条和其他部分形成鲜明的视觉对比，加上图案的造型，灯罩给人十足的立体感，原本平面的玻璃板看上去仿佛变成立体结构一样。

（3）镜面陈列柜

设计师Sam Baron别出心裁地利用反射与倾斜镜面效果，为创意品牌JCP Universe设计了一款名为“Perflect”的陈列柜套组。

受中世纪以及文艺复兴时期版画中关于透视与理想空间理论的影响，设计师在该项目中将几何学与视错觉结合在一起，使用者可以利用这款陈列柜展示他们非常规的物品从而更加凸显其独特性。在镜面柜板的反射作用下，柜中任何陈列品都会经过多次反射，产生多个影像，仿佛被多次复制了一般。

陈列柜由金属薄片结构组成，设计师从想象的透视关系入手，赋予陈列柜边沿亚光黑色的外观，这种黑色线条的效果也让人想起了建筑制图的笔触，而整个柜子的全部面板外侧均被超镜面效果的面板覆盖，如图4.29所示。

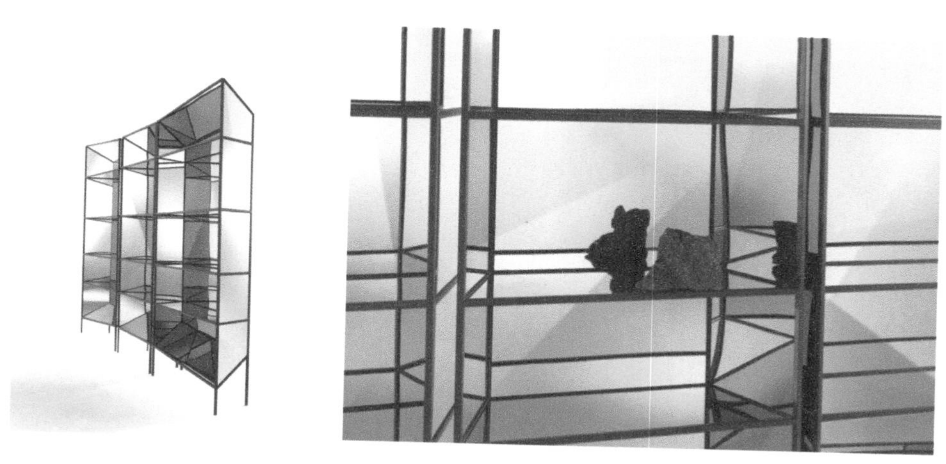

图4.29　镜面陈列柜

4.3.2.2　视错觉在平面设计中的应用

（1）迪士尼版可口可乐包装设计

在设计中应用不完全图形视错觉原理，容易引起人们更多的兴趣和思考。如图4.30所示，迪士尼版可口可乐包装设计，应用了视错觉设计的简洁的卡通形象配以鲜明的配色，让这些原本就熟知的角色既传神，又带来了新的感觉。

图4.30　迪士尼版可口可乐包装设计

（2）冈特•兰堡海报设计

在图4.31所示的几张海报中，兰堡借助一个元素，如手、窗户或灯泡，轻易地将平面上本来仅存的一个式样转变成了两个式样或者三个式样。在图示作品中，背景是第一个式样，书本是第二个式样，手、窗户和灯泡构成了第三个式样，如此几个式样重叠出现，简单的一维空间就转变成了复杂的三维空间，这就给了观赏者一个追根究底的理由，也为出版社起到了宣传的效果。

图4.31　冈特•兰堡系列海报设计

（3）保护野生动物的公益海报

如图4.32所示的保护野生动物的公益海报，起初我们看到的是一个富有动感、有些令人眩晕的呈现同心圆线构成的画面，当我们视觉集中于画面中央、来回移动视线并远离画面时，一头“野象”若隐若现地出现在眼前；“它们正在你的眼前慢慢消失”的文案一语中的，创意者利用了同心圆线产生的视幻错觉，通过颜色略微加深将大象形象巧妙地嵌入其中，在观者与物象之间营造一种视幻、独特、动态的体验，将“保护野生动物”的公益主题生动呈现。

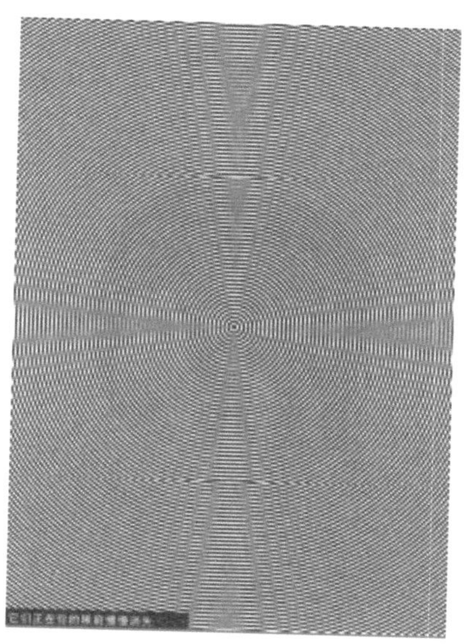

图4.32 保护野生动物的公益海报

4.3.2.3 视错觉在空间设计中的应用

（1）Felice Varini的视错觉影像艺术

从20世纪80年代起，Felice Varini 便开始了他的影像错觉艺术，他利用视觉角度的变化，将一个平面上的圆形图案“叠加”到了房间一角，只有站在某个特定的角度和高度才能看到它，其他时候，那边看起来都只有几个不规则图形而已。由此，一种全新的艺术欣赏模式进入了人们的视线：艺术品不单单会挂在墙上等着你走过路过，它以一种“高姿态”，等待着好奇的人们不断探寻那唯一一个合适的角度，才能看见他最神奇的模样。最平常的楼梯间、每天经过的空中走廊、人来人往的休闲大厅甚至一座山脚下的小镇，都成为了Felice Varini 选中的“画布”。

错视影像艺术既不同于一般的绘画，也不同于时下流行的3D立体绘画，如果能细心观察他的这些作品，就能发现他在选取场地的时候颇费心思：当你找到了唯一一个能完整展现平面图形的角度时，就能清楚地感受到几何的魅力，这不仅包括了Felice Varini绘制的图形，还包括场地本身天然产生的线条和形状。错视影像艺术的产生正是基于人们天生对几何形状的敏锐，让人不自觉地去发现，这项艺术最大的魅力恐怕正是源自这种看似不经意的精心计算。

如图4.33所示，想想看，当你即将走上一道楼梯，却发现楼梯口竖起了一道红色“挡板”，“挡板”上面规律地排列着大小相同的圆孔，你是不是会犹豫着该怎么上楼?

又或者你走在空中走廊上，一个转身却发现一旁悬浮着一组蓝色方块，他们就像一组整齐的列兵，让你怀疑是不是自己进入了某个魔方游戏的画面中？当人们看到这些充满惊喜的作品，不仅在视觉上得到了刺激与享受，更是让人仿佛找回了童趣，如图4.34所示。

图4.33　Felice Varini的视错觉影像艺术1

图4.34　Felice Varini的视错觉影像艺术2

（2）看不见的谷仓

如图4.35所示，位于美国纽约市长岛的苏格拉底雕塑公园内的“看不见的谷仓”，它的建筑外层在木质结构基础上添加了反射性极高的镜面结构，这样该建筑的外层能够完美地将周围环境反射出来，使其很好地融入周围的自然环境中，从一定距离的远处来看，它几乎是隐形的。其唯一的非反射部分就是那小小的出入口，这些出入口允许游客进入其中、感知光学上的错觉之美。

图4.35　看不见的谷仓

4.3.2.4　视错觉在服装设计中的应用

（1）Iris Van Herpen 2017春夏高级定制

艾里斯•范•荷本（Iris Van Herpen）尤其擅长从服装本身的材质来做设计，并辅以夸张的造型。前卫且充满新鲜创意的服装外观让艾里斯•范•荷本的作品充满视觉冲击力。她将传统的古老手工艺与当代最新的高科技、材料相结合，创造性地实现了两个世界的完美融合。

艾里斯•范•荷本的设计就像是一个永远解不开的谜题。Iris Van Herpen 2017春夏高级定制服装，是她在科技面料的基础上进行了超现实肌理的设计，用透明橡胶打造的如同水母形状的短连衣裙，斑纹应用于超轻薄的丝绸薄纱上，就像是人类的第二层皮肤一样。另一件长袖黑色的丝绸衣服则闪闪发光，如同是行动中的雕塑艺术，这般极具未来感早已超出了现实的范围，破朔迷离的质感仅存在于幻象或是科幻片中，如图4.36所示。

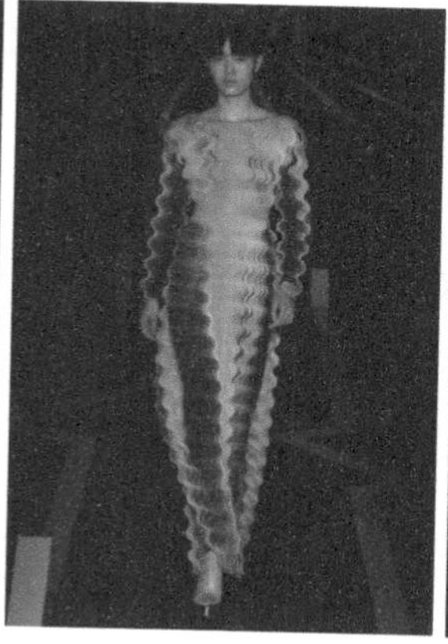
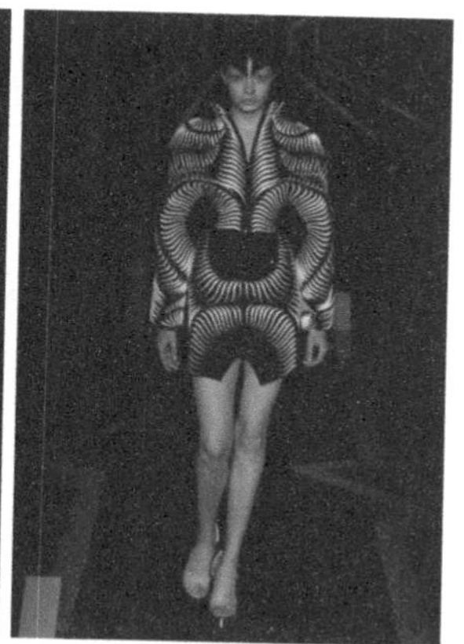

图4.36　Iris Van Herpen 2017春夏高级定制

（2）玛丽•卡特兰佐 (Mary Katrantzou) 2016早春女装系列

玛丽•卡特兰佐 (Mary Katrantzou) 以使用立体感极强的、错综复杂的、浓浓文艺气质的印花图案著称，该品牌来自年轻的希腊女设计师玛丽•卡特兰佐 (Mary Katrantzou)，品牌总部位于英国伦敦。

将时光倒回19世纪，当时的植物学艺术家怀着相同的科学追求，力图通过插画捕捉草木花叶的真髓。插画惟妙惟肖地描绘了植物种子的形态、颜色与细部特征，在当时被视为科学可靠的信息资源，因此彼时的植物学艺术家往往拥有扎实的植物形态学功底，以此在绘制过程中提高插画的科学性。

玛丽•卡特兰佐2016早春女装系列设计灵感源于平版印刷、世纪更迭与复古风格植物种子包装袋。玛丽•卡特兰佐作为视知觉科学先行者，以艺术为载体，洞悉人类大脑与目测视觉同感的奥秘，深度剖析人类对色彩、明暗、深度、透视、形状与动静的感知能力。

该系列中，花卉图案与欧普艺术线圈图形相互交织，错落有致地点缀着剑褶裙与散褶裙，裙舞飞扬时格外灵动轻盈。郁金香与玫瑰悄然绽放在精美荷叶边上，与图案线条及剑褶相得益彰，相互衬托之下愈发和谐悦目。轻盈无感的顶级织物，一静一动中煞是随性飘然；原创无束缚简约款式，浮光掠影中展现曼妙身姿。高饱和度的醇厚色泽、刻意增放的花束图案，利用几何线条与“近大远小”的光学效应使视线收束于盈盈一握的纤细腰间。如图4.37所示。

图4.37 玛丽•卡特兰佐 (Mary Katrantzou) 2016早春女装系列

5. 产品设计中色彩的设计心理认知

CHAN PIN SHE JI ZHONG SE CAI DE SHE JI XIN LI REN ZHI

视觉系统是人类感觉系统中最重要的一个方面，而颜色和形状又是人们通过视觉感知世界最直接的要素。

以产品设计为例，产品设计的核心是以人为本，关注人的存在，了解人们在生活和工作中的真实需求。在产品设计因素之中，产品色彩是决定产品能否受欢迎很重要的一个因素。有关研究表明，人们在观察物体时，最初20秒内，色彩的影响占80%，形态占20%；2分钟后，色彩的影响占60%，形态占40%；5分钟后，色彩和形态各占50%。也就是说，人们在购买产品时，首先会被吸引的是产品的色彩，其次会注意到产品的形态。

因此本章节主要来探讨色彩与形状的设计心理认知问题。

5.1 色彩的基础知识

色彩是人们对客观世界的一种感知。无论是在大自然中或是在生活中，随处都有各式各样的色彩，人们的实际生活与色彩紧密联系着（图5.1）。

图5.1 自然的色彩

色彩感觉信息传输途径是光源、彩色物体、眼睛和大脑，也就是人们色彩感觉形成的四大要素。这四个要素不仅使人产生色彩感觉，而且也是人能正确判断色彩的条件。在这四个要素中，如果有一个不确定或者在观察中有变化，就不能正确判断颜色及颜色产生的效果。因此，当我们在认识色彩时并不是在看物体本身的色彩属性，而是将物体反射的光以色彩的形式进行感知。人的色彩感知过程如图5.2所示。可见光光谱线如图5.3所示。

色彩可分为无彩色和有彩色两大类。对消色物体来说，由于对入射光线进行等比例的非选择吸收和反（透）射，因此，消色物体无色相之分，只有反（透）射率大小的区别，即明度的区别。明度最高的是白色，最低的是黑色，黑色和白色属于无彩色。在有彩色中，红、橙、黄、绿、蓝、紫六种标准色比较，它们的明度是有差异的。黄色明度最高，仅次于白色，紫色的明度最低，和黑色相近。

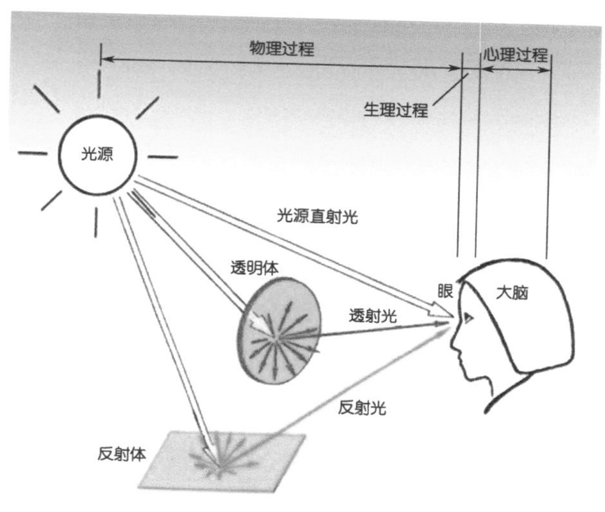

图5.2　人的色彩感知过程

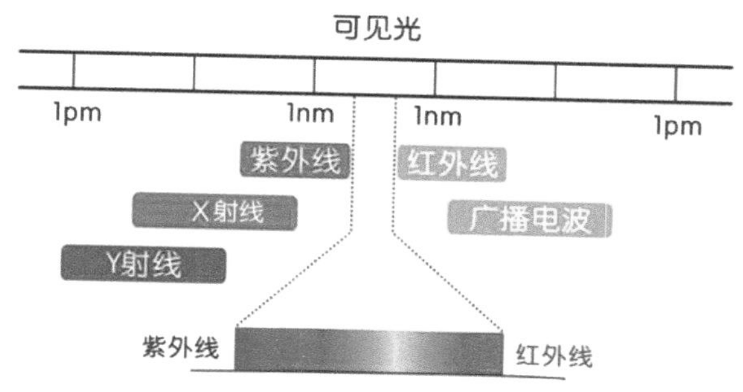

图5.3　可见光光谱线

有彩色表现很复杂，人的肉眼可以分辨的颜色多达一千多种，但若要细分差别却十分困难。因此，色彩学家将色彩的名称用它的不同属性来表示，以区别色彩的不同。用“明度”“色相”“彩度”三属性来描述色彩，更准确、更真实地概括了色彩。

（1）明度（图5.4）

明度，是指色彩的明亮程度。明度最高的颜色是白色，最低的是黑色。要提高色彩的明度，以颜料色为例，就是要向这种颜料色中添加白色颜料。深红色添加白色提高了明度，就成为粉红色。所以，深红色与粉红色的明度是不同的。

（2）色相（图5.5）

色相，是一种颜色区别于另一种颜色的表象特征，红、蓝、黄、绿等称呼，称呼的就是色彩的“色相”。红色中加入黄色，就变成橙色，接下来是黄色，黄色中加入绿色，就变成黄绿色，然后是绿色。如果把相近的颜色排列起来，可以形成一个圆。深红色中加入一点蓝色就形成紫红色，虽然都是红色，但深红与紫红的色相不同。

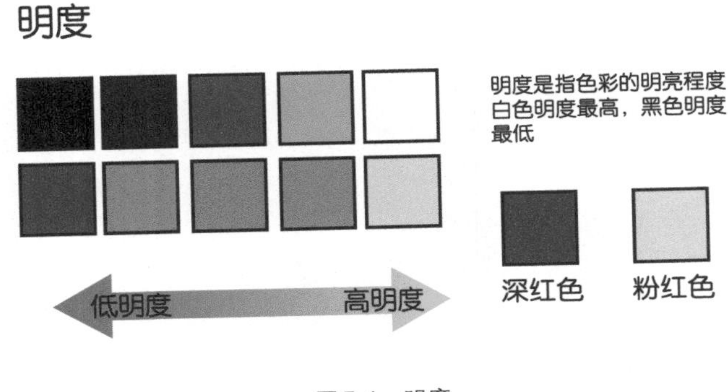

图5.4　明度

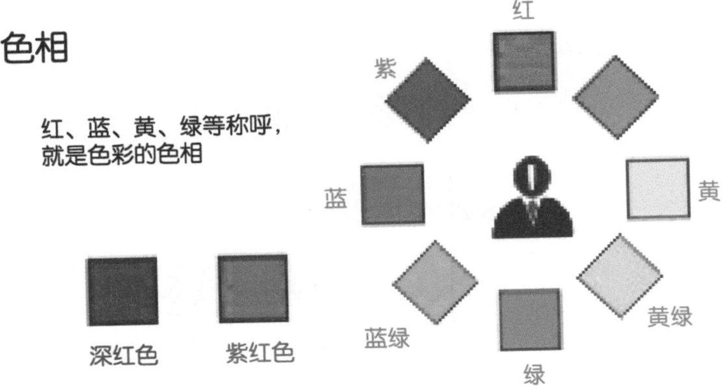

图5.5　色相

（3）彩度（图5.6）

彩度，是指色彩所具有的鲜艳度或强度。彩度最高的颜色被称为纯色。颜色加入灰色后就会钝化。例如，深红色加入灰色就变成栗子皮的颜色，即栗色，所以，深红色与栗色具有不同的彩度。

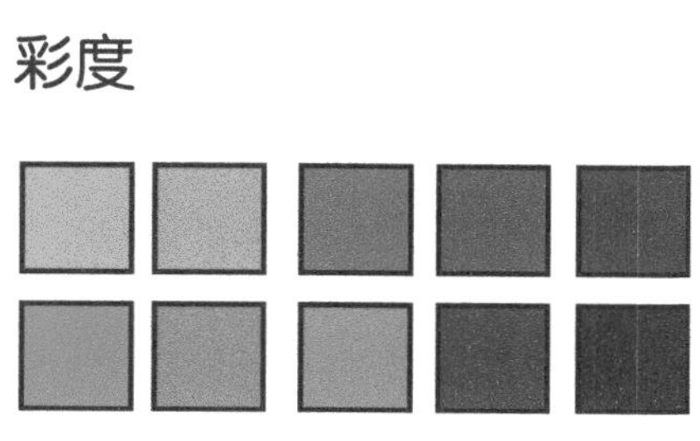

图5.6　彩度

5.2　色彩的性质

5.2.1　识别性

有的颜色容易识别，有的颜色不容易识别。有的颜色搭配起来容易识别，也有的颜色搭配起来不容易识别。所谓颜色的“识别性”，是指在众多颜色中，容易与其他颜色区别开来的性质。

地铁线路图就是一个色彩识别有代表性的例子。在地铁线路图中，为了清晰地显示各条线路，会分别用红色、黄色、绿色和蓝色等不同颜色进行表示。这样一来，即使第一次乘坐地铁，人们也不会被复杂的线路图搞得晕头转向。

其实，颜色的搭配是有一定规则的。据EIE（国际照明委员会）推荐，如果有五种颜色进行搭配，最好采用红色、绿色、黄色、蓝色和白色的搭配方案，这样的颜色搭配识别性比较高。

此外，色彩的识别性还被用来设计万能标志。所谓的“万能标志”，是指不论男女老幼、身体健康与否，都可以方便识别的标志和符号。现在，有很多标志让高龄者难以辨认。再者，由于眼睛的水晶体发生病变，白内障患者对周围光线的感知度下降，总觉得周围比较暗。此外，患者视网膜上感知蓝色的锥体细胞的能力也有所降低，很难区分蓝色与黑色。而万能标志的设计会使用识别性高的颜色，这将为我们的生活提供很多便利。

5.2.2 诱目性

颜色的识别性，主要指一种颜色区别于其他颜色的性质，而颜色的诱目性，则指颜色引起人们注意的程度。说一种颜色的诱目性高，意思是说在众多颜色中，这种颜色容易最先被人注意到，也就是说最显眼、最醒目。想在瞬间向对方传达某种信息时，以及在提示危险等非常重要的场合，都会用到“诱目性”高的颜色。

彩色比无彩色诱目性高，彩度高的比彩度低的诱目性高，暖色比冷色的诱目性高。因此，诱目性最高的颜色要数高彩度的红色了。比如，在大厦中，灭火器的位置就用红色表示。一旦发生火灾，醒目的红色可以让人们在瞬间发现灭火器的位置。

5.2.3 可视性

广告牌和交通标志等，必须让人从很远的地方就可以看到。这里就涉及到颜色的“可视性”这一概念。所谓颜色的视认性，也是指颜色的可视性。如果说容易引起人们的注意，是因为颜色的“诱目性”高，那么容易被人发现、容易被看到，则是因为颜色的“可视性”高。

如果要提高颜色的视认性，非常重要的一点就是颜色的明度要高，与此同时背景的颜色也非常重要，二者合理搭配才能提高视认性。颜色与背景的明度差越大，视认性越高。铁道口的横杆就是一个典型例子。铁道口横杆是一根黄黑条纹相间的横杆，它的作用是提醒路人有危险、要注意。实际上，红色最能引起人们对危险的警觉，可是为什么铁路横杆不用红色呢？那是因为除了要引起路人的注意外，还要让路人从很远的地方就能看见，而黄色和黑色的组合恰好就能实现这一点。

5.3 色彩的心理反应

色彩是客观世界实实在在的东西，本身并没有什么感情成分。在长期的生产和生活实践中，色彩被赋予了感情，成为代表某种事物和思想情绪的象征，也是一种既浪漫又复杂的语言，比其他任何符号或形象更能直接地通透人们的心灵深处，并影响人类的精神反应。根据心理学家研究，不同的色彩能唤起人们不同的情感，每一个色彩都有其所独具的个性，具有多方面的影响力。色彩是多种多样的，除了光谱中所表现的红、橙、黄、绿、青、蓝、紫，还有很多中间色，能用肉眼辨别的还有大约180种。各种色彩给人的感觉更是多种多样。如白色：神圣、纯洁、素静、稚嫩；黑色：神秘、稳重、悲哀、死亡；红色：热烈、喜庆、温暖、热情；蓝色：广阔、清新、冷静、宁静、静寂等等。大自然中的万事万物都离不开色彩，人类生活中的一切更与色彩有着密切的关联。

5.3.1 色彩的冷暖感

颜色有让人心理上感觉暖与感觉冷之分（图5.7）。不过，这只是颜色所具有的心理效果中最普通的一种。红色、橙色、粉色等就是“暖色”，可以使人联想到火焰和太阳等事物，让人感觉温暖。与此相对，蓝色、绿色、蓝绿色等称为“冷色”，这些颜色能让人联想到水和冰，使人感觉寒冷。

在四季分明的温带地区居住的人们，能够更好地运用暖色与冷色。例如，他们可以根据季节的变化调整室内装饰品和服饰的颜色。即使很多人并不知道什么是暖色与冷色，但却可以感觉到不同颜色的温度差，从而更好地调节自身的温度。

暖色与冷色使人感觉到的温度还会受到颜色明度的巨大影响。明度高的颜色，都会使人感觉寒冷或凉爽；明度低的颜色，都会使人感觉温暖。与深蓝色相比，浅蓝色看上去更凉爽；与粉红色相比，红色看上去更温暖。

图5.7 色彩的冷暖感

冷色与暖色在心理上的感觉因人而异。这个差异是由不同的成长环境和个人经验造成的。比如，在冰天雪地的北方长大的人，看到冷色会联想到冰雪，因而他们看到冷色会感觉更冷。而在热带岛屿成长的人，看到冷色很难意识到寒冷，这是因为他们基本上没有过寒冷的感觉。在热带，即使是海水也是温热的。因此，想知道某个人对冷色或暖色的感觉，必须首先了解他的成长环境。

在酷热难耐的夏季，电风扇可以为我们消暑解热。很多家庭都有电风扇，可是你留意过它的颜色吗？电风扇一般都为白色、黑色或灰色等冷色，而且很少能见到红色的电风扇。当然，你要是想买红色电风扇的话还是可以买到的，但是需要花费一番工夫寻找。

相信购买红色电风扇的人也不是为了凉快，可能是为了装饰等其他目的吧。其实，不管电风扇是什么颜色，从功能上讲都可以吹出一样的凉风，但红色等暖色会让人从心理上感觉温暖，因而看到红色电风扇时，会感觉它吹出的是温热的风。在闷热的夏季，这会使人更觉烦闷。因此，还是白色、黑色或灰色等冷色的电风扇让人感觉舒服些（图5.8）。

图5.8　风扇的颜色

如能熟练掌握暖色与冷色的使用方法，就可以很好地通过改变颜色来调节人的心理温度，减少空调的使用，从而节约能源、保护环境。

夏天，使用白色或浅蓝色的窗帘，会让人感觉室内比较凉爽。如果再配上冷色的室内装潢，就可以起到更好的效果。到了冬天，换成暖色的窗帘，用暖色的布做桌布，沙发套也换成暖色的，则可以使屋内感觉很温暖。暖色制造暖意比冷色制造凉意的效果更显著。因此，怕冷的人最好将房间装修成暖色。有实验表明，暖色与冷色可以使人对房间的心理温度相差2~3℃。还有一个实例，有些餐厅和工厂的装修为冷色调，结果到了冬季就会收到顾客或员工的抱怨，而把色调改为暖色之后，这种抱怨就大大减少了。由此可见，色彩可以起到调节温度的作用，虽然只是人的心理温度，但至少可以让人感觉舒适，减少空调的使用，从而节约能源，保护我们的地球环境。

5.3.2 色彩的距离感

膨胀色可以使物体的视觉效果变大，而收缩色可以使物体的视觉效果变小。你知道吗，颜色还有另外一种效果：有的颜色看起来向上凸出，而有的颜色看起来向下凹陷，其中显得凸出的颜色称为前进色，而显得凹陷的颜色称为后退色。前进色包括红色、橙色和黄色等暖色，主要为高彩度的颜色；而后退色则包括蓝色和蓝紫色等冷色，主要为低彩度的颜色。前进色和后退色的色彩效果在众多领域得到了广泛应用。例如，广告牌大多使用红色、橙色和黄色等前进色，这是因为这些颜色不仅醒目，而且有凸出的效果，从远处就能看到。在同一个地方立两块广告牌，一块为红色，一块为蓝色。从远处看红色的那块要显得近一些。在商品宣传单上，正确使用前进色可以突出宣传效果。在宣传单上，把优惠活动的日期和商品的优惠价格用红色或者黄色的大字显示，会产生一种冲击性的效果，相信顾客都无法抵挡优惠价格的诱惑。

此外，在工厂中，为了提高工人的工作效率，管理人员进行了各种各样的研究。例如，根据季节适时地更换墙壁的颜色，夏季涂成冷色，冬季涂成暖色，可以有效调节室内工人的心理温度，使他们感觉更加舒适。合理搭配前进色与后退色则可以减轻工作场所给工人造成的压迫感。使用明亮的色调使空间显得宽敞、无杂乱感，这样的环境可以提高工人的工作效率。

在化妆界，前进色和后退色更是得到了广泛的应用。合理运用色彩可以帮助化妆师画出富有立体感的脸。可以制造立体感和纵深感的眼影就是后退色。在日本的传统插花艺术中，前面摆红色或橙色的花，后面摆蓝色的花，可以构造出一种具有纵深感的立体画面（图5.9）。

国外曾有人进行过统计，在各种颜色的汽车中，发生交通事故比率最高的就要数蓝色汽车了，然后依次为绿色、灰色、白色、红色和黑色等。蓝色是后退色，因而蓝色的汽车看起来比实际距离远，容易被其他汽车撞上（图5.10）。如果不从被动交通事故的角度考虑，而把所有发生交通事故的汽车都统计在内的话，也有统计结果表明黑色汽车发生的交通事故最多。

汽车发生交通事故是由多种原因共同造成的，所以无法简单地将汽车颜色与交通事故认定为因果关系。而且，不同的时间段，汽车颜色的视觉效果也不相同。然而，有一点是毫无疑问的，那就是汽车颜色的可视性、前进色、后退色等性质的不同与事故率的差异是高关联的。因此，我们在路口时要特别注意对向行驶的蓝色汽车，在高速公路上要特别注意自己前方的蓝色汽车。

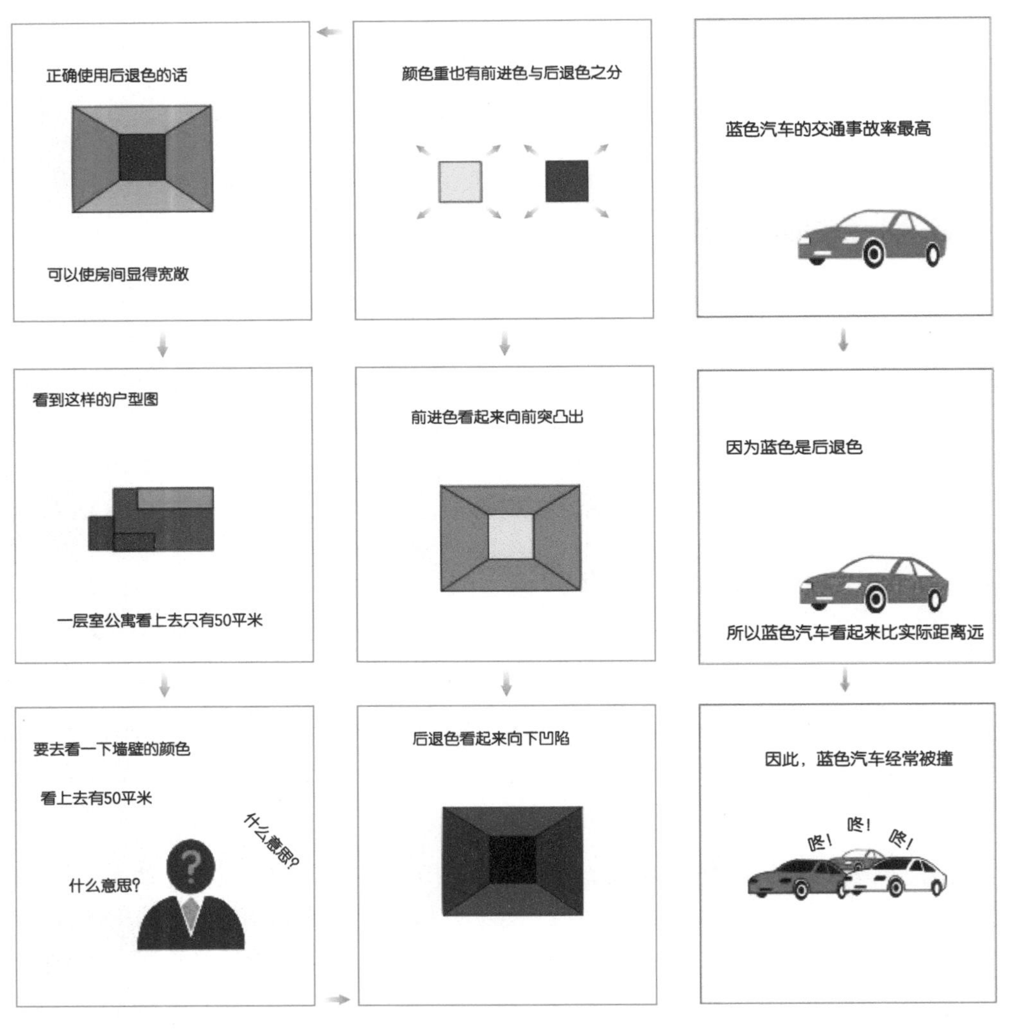

图5.9　色彩的距离感　　图5.10　汽车色彩设计

5.3.3　色彩的大小感

你听说过膨胀色和收缩色吗？像红色、橙色和黄色这样的暖色，可以使物体看起来比实际大。而蓝色、蓝绿色等冷色系颜色，则可以使物体看起来比实际小（图5.11）。物体看上去的大小，不仅与其颜色的色相有关，明度也是一个重要因素。红色系中，粉红色这种明度高的颜色为膨胀色，可以将物体放大。而冷色系中明度较低的颜色为收缩色，可以将物体缩小。像藏青色这种明度低的颜色就是收缩色，因而藏青色的物体看起来就比实际小一些。明度为零的黑色更是收缩色的代表。例如，看到有女同事穿黑色丝袜，我们就会觉得她的腿比平时细，这就是色彩所具有的魔力。实际上，只是女同事利用了黑色的收缩效果，使自己的腿看上去比平时细而已。可见，只要掌握了色彩心理学，就可以使自己变得更完美。

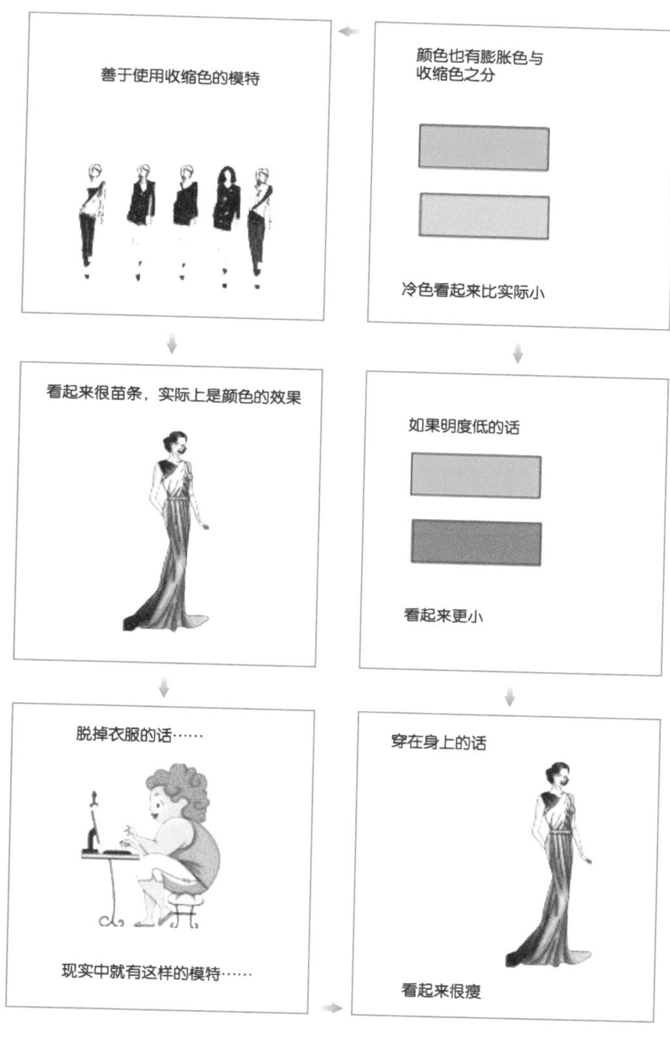

图5.11　色彩的大小感

此外，如能很好地利用收缩色，可以“打造”出苗条的身材。搭配服装时，建议采用冷色系中明度低、彩度低的颜色。特别是下半身穿收缩色时，可以收到立竿见影的效果。下身穿黑色，上身内穿黑色外搭其他收缩色的外套，敞开衣襟效果也很不错。纵贯全身的黑色线条也非常显瘦。可是，虽然黑色等于苗条，但是如果从头到脚一身黑的话，也不好看，会让人感觉很沉重。黑色短裤配白色T恤衫是比较常见的搭配方式。如果反过来，白色短裤配黑色T恤衫，就会立刻显得很新潮。白色短裤、白色T恤衫并外罩黑色衬衫的话，也很时尚。

在室内装修中，只要使用好膨胀色与收缩色，就可以使房间显得宽敞明亮。比如，粉红色等暖色的沙发看起来很占空间，使房间显得狭窄、高压迫感。而黑色的沙发看上去要小一些，让人感觉剩余的空间较大。

5.3.4 色彩的时间感

色彩可以使人的时间感发生混淆，人看着红色，会感觉时间比实际时间长，而看着蓝色则感觉时间比实际时间短。请两个人做一个实验，让其中一人进入粉红色壁纸、深红色地毯的红色系房间，让另外一人进入蓝色壁纸、蓝色地毯的蓝色系房间。不给他们任何计时器，让他们凭感觉在一小时后从房间中出来。结果，在红色系房间中的人在40~50分钟后便出来了，而蓝色系房间中的人在70~80分钟后还没有出来。有人说，“这是因为红色的房间让人觉得不舒服，所以感觉时间特别漫长”。确实有这个原因，但也不尽然。最主要的原因是人的时间感会被周围的颜色扰乱（图5.12）。

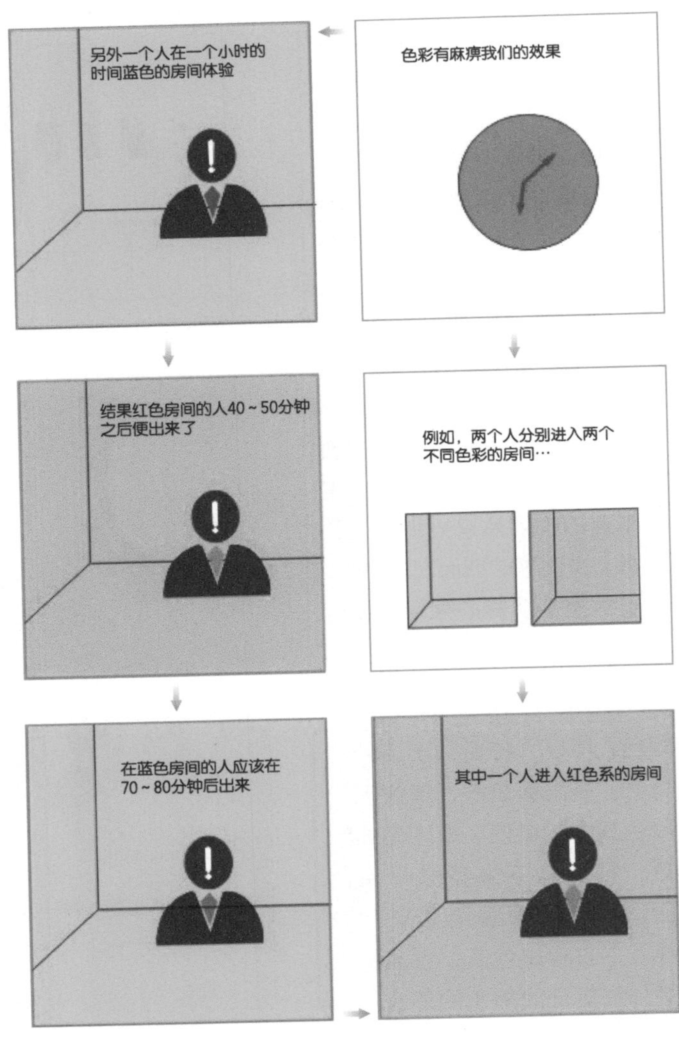

图5.12　色彩的时间感

举个例子，在时下非常流行的休闲运动潜水中，人需要携带氧气瓶。一个氧气瓶可以持续40~50分钟供氧，但是大多数潜水者将一个氧气瓶的氧气用光后，却感觉在水中只下潜了20分钟左右。海洋里的各色鱼类和漂亮珊瑚可以吸引潜水者的注意力，因此会感觉时间过得很快，这是原因之一。更重要的是，海底是被海水包围的一个蓝色世界。正是蓝色麻痹了潜水者对时间的感觉，使他感觉到的时间比实际的时间短。

这个现象在日常生活中也非常常见，灯光照明就是其中的一个例子。在青白色的荧光灯下，人会感觉时间过得很快，而在温暖的白炽灯下，就会感觉时间过得很慢。因此，如果单纯出于工作的需要，最好在荧光灯下进行。

白炽灯会使人感觉时间漫长，容易产生烦躁情绪。反之，卧室中就比较适合使用白炽灯等令人感觉温暖的照明设备，这样会营造出一个属于卧室主人自己的悠闲空间。

例如，快餐店给我们的印象一般是座位很多，效率很高，顾客吃完就走，不会停留很长时间。有人喜欢和朋友约在快餐店碰面，但其实快餐店并不适合等人。这是因为很多快餐店的装潢以橘黄色或红色为主，这两种颜色虽然有使人心情愉悦、兴奋以及增进食欲的作用，但也会使人感觉时间漫长。如果在这样的环境中等人，会越来越烦躁。

比较适合约会、等人的场所应该是那些色调偏冷的咖啡馆。说句与颜色无关的话，咖啡的香味也有使人放松的效果，在这样的环境中等待自己的梦中情人，相信等再久也不会烦躁吧。

再比如，现代社会中，所有公司职员都有一个挥之不去的烦恼，那就是长时间的会议。超过两个小时的会议，谁都会觉得烦。然而，开会又是公司必不可少的程序。我建议公司的会议室最好以蓝色为基调进行室内装潢，例如使用蓝色系的窗帘、蓝色的椅子、蓝色的会议记录本。看到蓝色的东西，会让人觉得时间过得很快，从而产生赶快将会议进行完的强迫观念（图5.13）。

此外，由于蓝色还有使人放松的作用。在放松的环境中开会，人也更容易产生有创意的点子或提出建设性的意见。因此，使用蓝色装潢会议室，不仅会使漫长的会议变得紧凑，而且会议内容也会变得更加充实、讨论也更有效率。此外，如果想在会议中让自己的

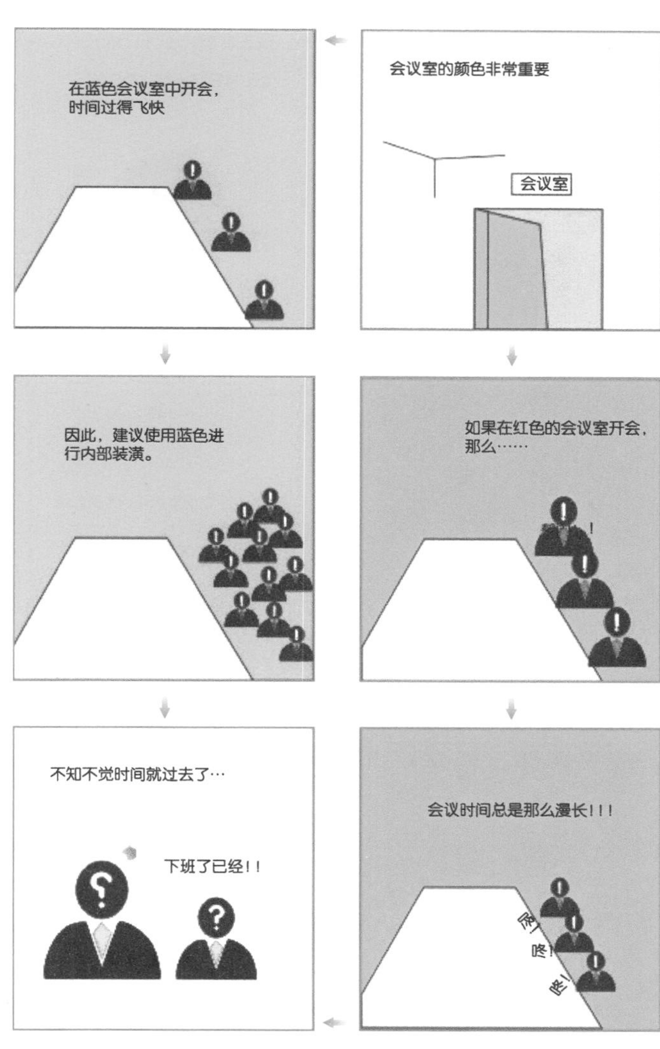

图5.13　环境的色彩设计

发言受人关注，建议你佩戴一条红色的领带，这是因为红色有引人注意的作用。不过，如果穿一件红色的衬衫那就适得其反了。如果红色的面积过大，会分散对方的注意力，使其难以做出决断，因而要特别注意。

5.3.5　色彩的催眠作用

蓝色具有催眠的作用。蓝色可以降低血压，消除紧张感，从而起到镇定的作用。建议经常失眠以及睡眠质量不好的朋友多看看蓝色（图5.14）。在卧室中增加蓝色可以促进睡眠，但是如果蓝色太多的话也不尽然。夏天还好，可是到了冬天，一屋子的蓝色会让人感觉很冷。此外，蓝色太多还能引起人的孤独感。因此，建议卧室装修以淡蓝色为主，以搭配白色和米色为佳。这样的色彩搭配可以自然而然地消除身体的紧张感，促使人迅速入睡。

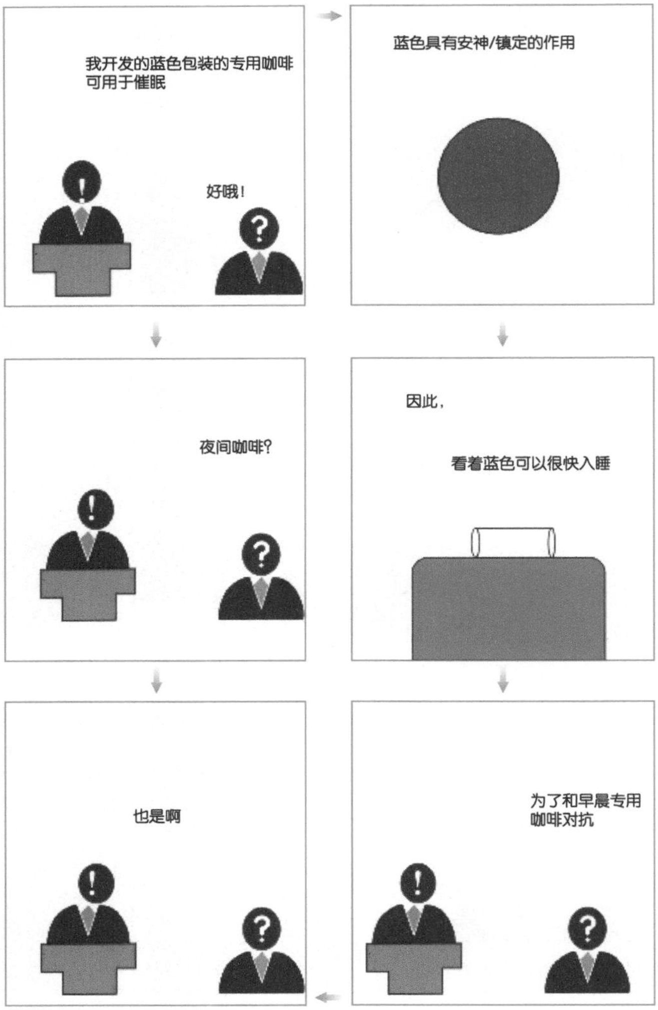

除了蓝色外，在绿色中也有一部分颜色具有催眠的作用。然而，绿色与蓝色的“催眠原理”不同，蓝色可以使人的身体得到放松，而绿色则使人从心理上得到放松，从而达到催眠的效果。虽说暖色是令人清醒的颜色，但淡淡的暖色和蓝色一样，也有催人入睡的作用。白炽灯、间接照明等发出的温暖的米黄色灯光以及让人感觉安心的淡橙色灯光都有催眠的作用。相反，当人头脑不清醒的时候，看一看红色，就可以立刻清醒过来。红色就是使人清醒的颜色，可以增强人的紧张感，使血压升高。目前，市

图5.14　色彩的催眠作用

场上可以买到的提神产品多以黑色包装为主，也许是想让人联想到有提神作用的“黑咖啡”吧。然而，我觉得用这类商品更适合使用红色包装。

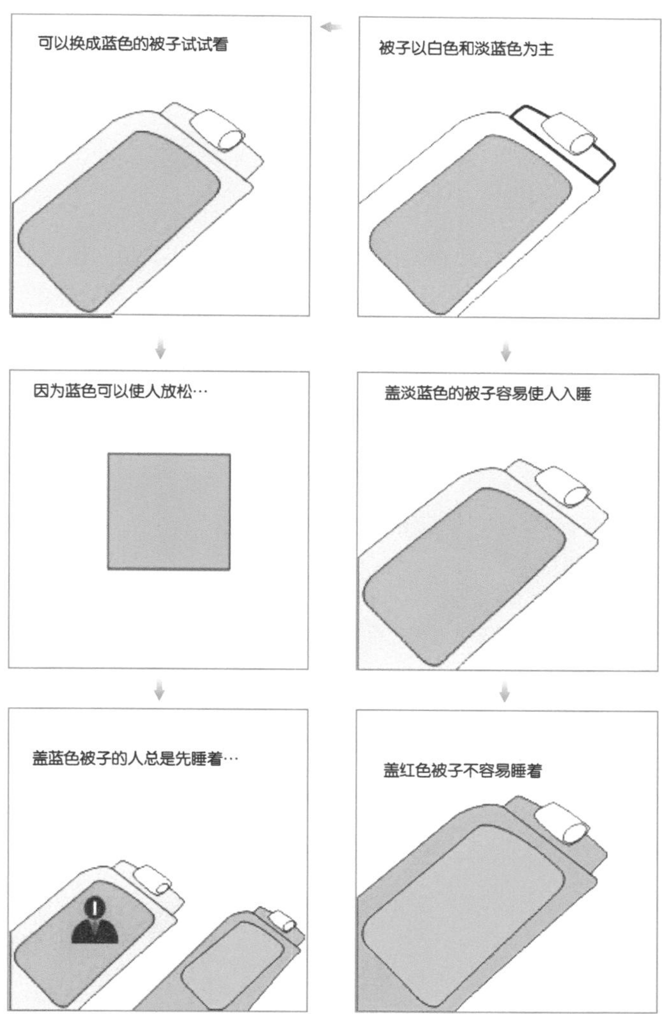

图5.15　被子色彩与睡眠的关系

一提到被子，大家首先想到的是白色。白色不仅看起来干净整洁，还有催眠的作用。当然，现在也有其他颜色的被子，不过最多也就是淡蓝色、米色等很浅的颜色。这是为什么呢？其实道理很简单，想象一下，如果盖深红色的被子睡觉，血压不断升高，精神也紧张起来，还怎么睡呢？因此，被子切忌使用令人清醒的颜色，而镇静效果显著的淡蓝色等比较浅的颜色才是被子颜色的上上之选。

此外，被子上最好也不要有太多图案和花纹，以单色为佳。有人说，睡觉时都闭着眼睛，被子的颜色能有什么影响呢？其实不然，肌肤对色彩同样有感觉，和我们用眼睛看是一样的效果，因此即使闭上眼睛睡觉，还是会受到被子颜色的影响（图5.15）。

照明的颜色与睡眠也着紧密的关系。照明的颜色会对人体内一种叫做“褪黑激素”的荷尔蒙的分泌产生影响。褪黑激素是促使人自然入睡的荷尔蒙，它还有改善人体机能、提高免疫力和抵抗力的功能。这种荷尔蒙通常在夜间分泌，而青白色的荧光灯有抑制褪黑激素分泌的作用。因此，卧室里最好安装白炽灯或者其他可以发出温暖的黄色和米黄色的灯具。反之，如果为了准备考试而挑灯夜读或者熬夜加班的话，最好在荧光灯下学习或者工作，这样才不容易困倦。

5.4 颜色的认知差异

5.4.1 颜色的性别差异性

（1）男性

男性性格一般较为冷静、刚毅、硬朗、沉稳。喜好色彩一般多为冷色，喜爱的颜色大致相仿，色调集中褐色系列，并且喜好暗色调、明度较低的中纯度色彩，但同时喜欢具有男性有力特征的对比强烈的色彩，表现其力量感。如图5.16所示为李维斯牛仔服装广告。

图5.16　李维斯牛仔服装的广告

（2）女性

女性性格一般较为温婉，通常喜好表现温柔和亲切的对比较弱的明亮色调，特别是纯度较高的粉色系。但是女性喜爱的颜色各不相同、色调较为分散，但多为温暖的、雅致的、明亮的色彩。紫色认为是最具有女性魅力的色彩。

图5.17这组Style Rebirth内衣广告，相当引人注意，版面中使用了大量的红色，将各种内衣等以抽象方式演绎，版面中使用了土黄色，与红色在面积上形成了均衡，整体画面呈现出平衡感。同时，黄色的使用使得抽象的内衣图形更加凸显和令人印象深刻。

图5.17　Style Rebirth内衣广告

关于颜色喜好与个性的研究持续进行，许多领域虽然仍有待研究，但是大部分的关联已很清楚明了。人类对特定颜色的好恶与自身以前的经历极易产生关联，每个人差异相当大。但是另一方面也发现，行为模式和反应模式相同的人，对色彩的喜好也很容易相同。

现在根据相关调查，针对世界范围内男女的颜色喜好来说明颜色喜好与个性的关系。

（1）红色

据分析，红色受到男人和女人的同等青睐。各有20%的男人和女人把红色列为最喜爱的颜色，只有2%的男人和3%的女人称红色是“我不喜欢的颜色”。史实说明，红色是一种男性的色彩，象征男性的力量、活跃和进攻性。在美国和英国，男孩子常用“罗伊（Roy）”取名，意思是“红色的”。在中国和埃及，红色也属于男性的色彩，甚至与黄色意义相反。但是，在进行的问卷调查中几乎没有人将红色列为男性的色彩，反而源于红色的粉红色、深红色被认为是女性的颜色。

（2）粉红色

据分析，对粉红色的好恶感受，女性和男性所表现出来的差别比其他任何一种色彩都明显。8%的女性认为粉红色比其他任何色彩都美丽，但也有7%的女性完全拒绝粉红色。男性中有2%的人列其为喜爱的颜色，但12%的男性不喜欢粉红色。粉红色具有典型的女性特征。现在，很多女婴用品都用粉红色包装，以至于许多人都认为这个习惯自古就有，其实不然，前面提及的红色为男性色彩，而粉红色是淡一些的红色，是小男孩的色彩。直到20世纪20年代，当制造耐洗及无毒的颜料不再是一件难事，市场的时尚意识兴起，彩色服装成为先导，人们逐渐接受粉红色为小女孩所穿的色彩，男性粉红色逐渐完成了过渡到女性粉红色的变迁，因为和冷冷的浅蓝色相对照，它显得如此的温情脉脉。到了20世纪70年代，粉红色已成为全世界代表女性的颜色了。

（3）蓝色

据分析，过去代表男性的色彩是红色，而现代的象征意义里，蓝色是男性的颜色，多作为精神的象征，寓示冷静、理智。蓝色是40%的男性和36%的女性最喜欢的颜色，几乎没有人不喜欢蓝色。20世纪，爱尔兰和西班牙的法西斯主义者把蓝色作为政治的色彩，认为蓝色代表男性，是平常的颜色。

（4）白色

白色是一切色彩中最完美的颜色。在很多国家，白色属于女性，被视为无色及没有力量，象征轻声、和平，代表温和、娇嫩、妩媚及敏感。从法国革命后，整个欧洲时髦的女士都穿上了神圣的白色，以追求自由、平等，回归自然。成了世界性的时尚，甚至出现了一些极端的想法，认为越是五光十色的东西，品位越是粗俗。伴随着白色的世界时尚出现了白色的新娘礼服，这种现象出现于19世纪（注：20世纪初很多新娘仍穿黑色长礼服），延续至今。

（5）黑色

在中国，男性的黄色对立于女性的黑色，而在欧洲，黑色是男性的色彩，而黄色才是女性的色彩，并且，黑色的对立色为白色而不是黄色。

（6）紫色

据分析，有12%的男性和10%的女性不喜欢它，只有1%的男性把紫色列为他们喜爱的颜色，有着相同喜好的女性则为5%。紫色是多愁善感、妩媚等积极、典型的女性特征的色彩。过去，紫罗兰的色彩曾代表权力，20世纪70年代，紫色再度成为女权运动的色彩，象征女性的新色彩，相对于甜蜜而无助的粉红色，它让人感觉更有个性。

（7）褐色

据分析，有29%的女性和24%的男性列它为最不喜欢的色彩，只有2%的女性和1%的男性喜欢。这一结果令人吃惊，没有任何一种色彩像褐色这样，不喜欢它的人远远多于喜欢它的人，实际上，褐色是女式时装中常见的色彩，用于住宅装修色彩的概率也很大，这种泥土色变换着各种色调，一直是人们极喜欢的色彩。在古老的象征意义里褐色是女性的色彩，是大地母亲的颜色，代表肥沃。

5.4.2 颜色的年龄差异性

出生不到1岁的婴儿，由于视网膜没有发育成熟，大都喜欢柔和明亮的色调。儿童性格活泼，充满好奇心，对红、橙、黄、绿这类鲜艳的纯色色调的刺激很感兴趣。青年人喜欢的色彩跨度很大，从充满活力的纯色到强壮有力的暗色，都是年轻人喜欢的色彩。一般城市里的年轻人偏爱成熟理性的冷色。中年人的心里更期待宁静恬淡的生活氛围，喜欢稳重恬淡温和的色调。老年人的心理期待健康、喜庆、热闹，因此喜欢平静素雅的色彩和象征喜庆的红色。

辨认颜色与形状是培养婴幼儿的观察认识能力的一个重要途径。家长能抓住每个时期的特点，给予适当的色彩刺激，则不仅能够促进婴幼儿的视觉发育，还能进一步增强其智力潜能的开发，促使婴幼儿脑部更早发育。婴幼儿视觉发育和认识色彩的过程是渐进性的。刚出生时，就对光产生了感觉，也有了辨认光亮与黑暗的能力，随后开始识别白色、灰色、黑色。到8个月时，婴幼儿才具备分辨红、绿、蓝3种纯正色彩的能力。

如何选择颜色，进行适合婴幼儿时期的孩子的色彩设计呢？如何通过色彩来传达给孩子的爸妈们这是可以信赖的、安全的产品呢？

“瑞士制造”Naef的玩具产品以漂亮的外形、靓丽的色彩、智慧的结构、完美的材料及精湛的工艺闻名于世（图5.18 ~ 图5.20），至今很多产品仍是纯手工制作。Naef玩具如钟表的法条装置般彼此精准完美搭配在一起的时候，美感淋漓尽致。

婴幼儿时期孩子的玩具不必复杂，因此Naef玩具的主体部分选择了原木色，其他构件采用的是色光三原色（红色、绿色、蓝色）以及色料三原色中的黄色（或者可以说是色光三原色中红色和绿色合成的黄色）。自然的原木色属于明度较高的浅灰色调。灰色介于灰色和白色之间，中性色、中等明度、无色彩、极低色彩的颜色。灰色能够吸收其他色彩的活力，削弱色彩的对立面，而制造出融合的作用。

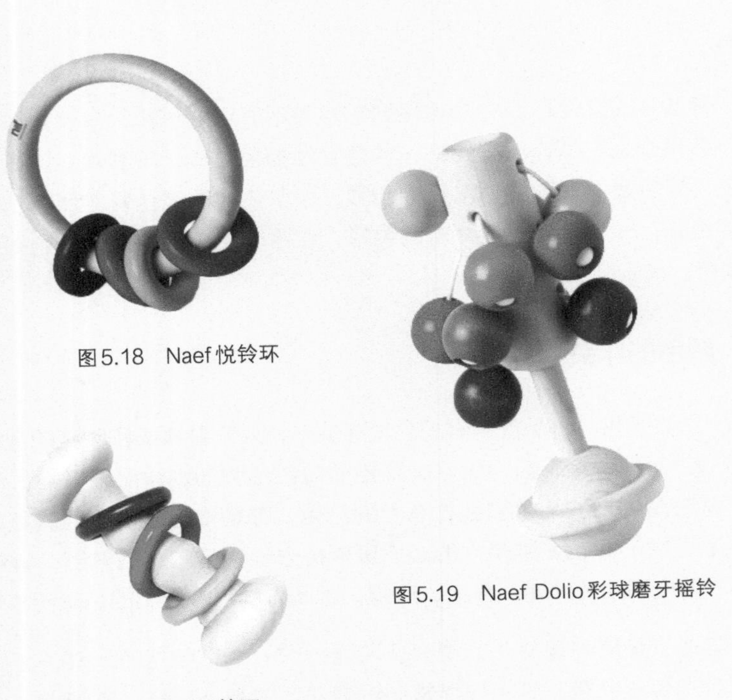

图5.18 Naef悦铃环

图5.19 Naef Dolio彩球磨牙摇铃

图5.20 Naef可铃环

保留木材本身的色调也是环保无毒的体现，婴幼儿常常抓到东西就往嘴里塞，所以采用原木色给人安全的感觉。针对婴幼儿对色彩开始认知的特点，选择了红色、绿色、蓝色和黄色这几种自然界最基本的颜色是十分恰当的。不需考虑色彩的冷暖，让孩子感知色彩是最初也是最终的目的。

5.4.3 颜色的地区差异性

产生色彩心理差异的原因很多，每个国家、每个民族的生活环境、传统习惯、宗教信仰等存在差异，因此产生对色彩的区域性偏爱和禁忌。

色彩设计大师朗科罗在“色彩地理学”方面的研究成果证明：每一个地域都有其构成当地色彩的特质，而这种特质导致了特殊的具有文化意味的色谱系统及其组合，也由于这些来自不同地域文化基因的色彩不同的组合，才产出了不同凡响的色彩效果。

从时间来看，脆弱的人类由于外界恶劣的环境而本能地渴望掌握征服环境的技术，以求得安全感。随着时间的推移，氏族发展成部落，部落组成部落联盟，成为民族的最初形态。而这些在相同环境中生活的人群慢慢形成相似的生活习惯和生存态度。这种态度逐步演变成某种约定、规范，最终积淀下来，产生了民族的习惯。色彩的特殊意味是在本民族长期的历史发展过程中，由特定的本族的经济、政治、哲学、宗教和艺术等社会活动总凝聚而成的，它是有一定的时间稳定性。

从空间来看，这种文化意味是特定民族的经济、政治、宗教和艺术等文化与民族审美趣味互相融合的结果。在一定程度上这种色彩已经成为该民族独特文化的象征。

民族色彩要从下面几个方面研究：自然环境因素、经济技术因素、人文因素、宗教因素、政治因素。

以自然环境因素为例。人类的祖先对某种色彩的倾向最初是对居住的周围环境进行适应的结果。一切给予他们恩泽或让他们害怕的自然物都会导致他们对这些自然物的固有色彩产生倾向心理。如生活在黄河流域的汉民族对黄土地、黄河的崇拜衍生了尚黄传统，并把中华民族的始祖称为黄帝，是因为黄帝是管理四方的中央首领，他专管土地，而土是黄色，故名“黄帝”。

此外，自然环境变迁也会导致民族色彩崇拜的改变。

再比如，意大利人喜好红色、绿色、茶色、蓝色、浅淡色、鲜艳色，讨厌黑色、紫色及其他鲜艳色；沙漠地区到处是黄沙一片，那里的人们渴望绿色，所以对绿色特别有感情，这些国家的国旗基本上都是以绿色为主色调。挪威人喜好红色、蓝色、绿色、鲜明色。丹麦人喜好红色、白色、蓝色。

例如，图5.21是一组意大利Lavazza咖啡广告，版面使用了大量的红色，色彩艳丽，视觉冲击力强，充满了意大利式的浪漫与想象力；性感、个性的女性形象，梦幻的画面让整个版面具有层次感，抓住了读者的猎奇心。

图5.21　意大利Lavazza咖啡广告

5.5 色彩印象空间在产品设计中的应用

为什么人类会被某种颜色或形状所吸引?下面将根据各种研究结果和实际调查，来解说人类色彩的喜好与设计的关系，探讨人类为何会被颜色、形状、细节及特定设计所吸引。

如我们所说，印象与个人的经验和知识有直接关系，所以每个人所产生的印象都有差别。但是我们也发现，虽然印象存在个人差异，但是与设计依然有某种程度的关联性。那么，产品的色彩设计是不是与印象无关，而是与人类的“喜好”有关呢?

5.5.1 色彩的印象空间

色相与色调（Hue & Tone）116 色体系就是将色相环与色调表结合在一起的产物，它是由110 种彩色颜色（色相10个等级 × 色调11 个等级=110种颜色）和6种非彩色颜色所构成的（图5.22）。

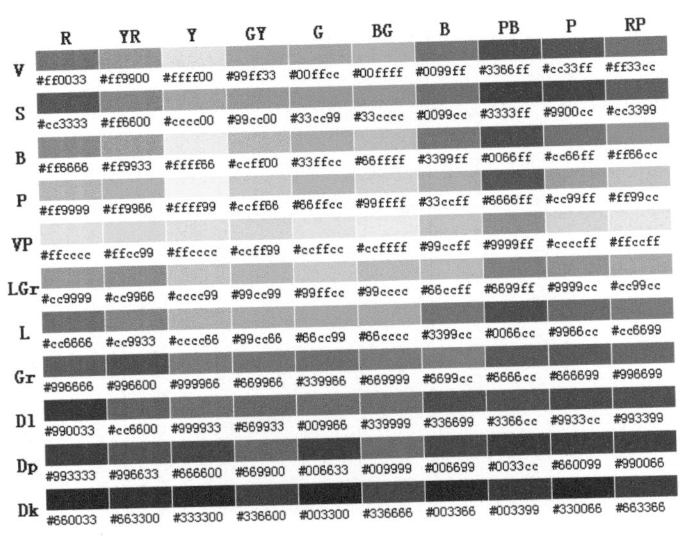

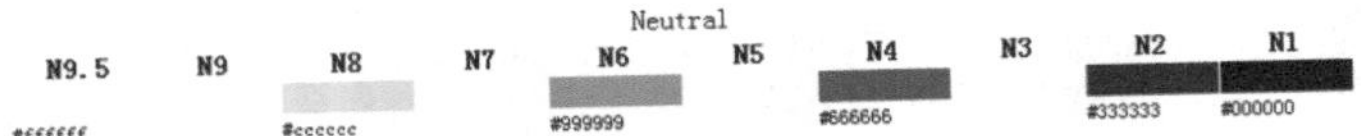

图5.22　116 色体系

每一种颜色给我们的感觉都会有所不同，但是要具体说明有何不同却又是一件困难的事情。如果有一个能够合理客观地分析出这种感觉差异的标准，那么就可以利用它说明这种感觉上的差异了。对颜色进行打分，打分时则以图 5.23 为标准（以红、蓝、黄、绿为例）。

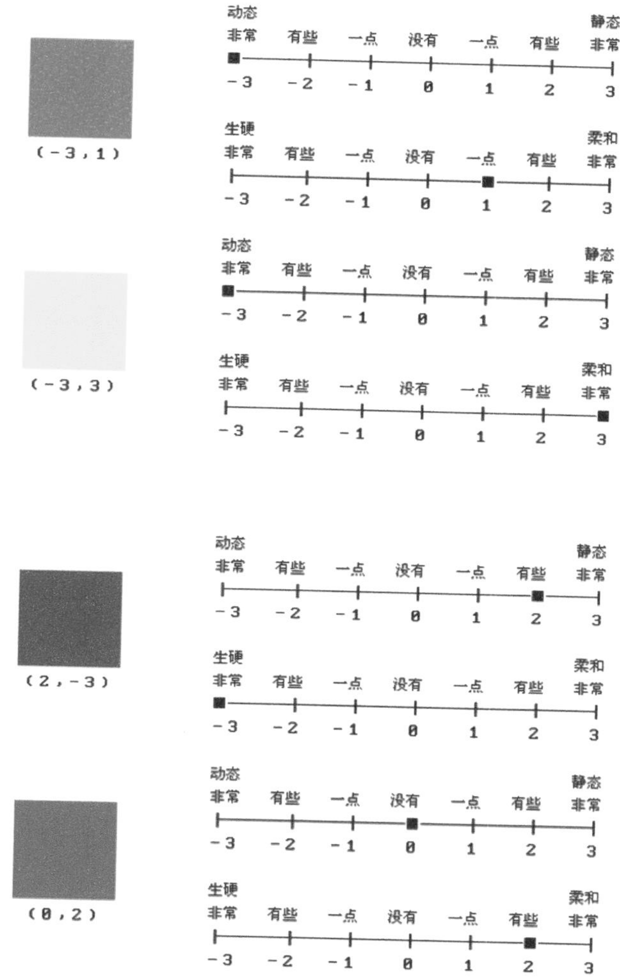

图5.23 对颜色进行打分

在打好分之后，将得到的“动态（Dynamic）”“静态（Static）”值作为横坐标分值、“生硬（Hard）”“柔和（Soft）”值作为纵坐标分值，在二维坐标系中找出相应的点。这就是Color Image Space的基本概念。将每个颜色的两类印象的取值分别作为二维坐标系上的横纵坐标值，得到的点的集合就称为“单色印象空间”（图5.24）。其中，红色会给人一种动态的感觉，蓝色会给人一种静态的、生硬的感觉，黄色给人一种柔和的、动态的感觉，而绿色虽然也是较柔和的感觉，但它不会给人动态的感觉也不会给人静态的感觉。

比起色相（Hue），人们对颜色的印象更大程度地取决于色调（Tone）。这主要表现为鲜明的色调通常给人柔和、动态的印象，阴暗的色调给人生硬的印象等。图5.25为色调的基本印象。

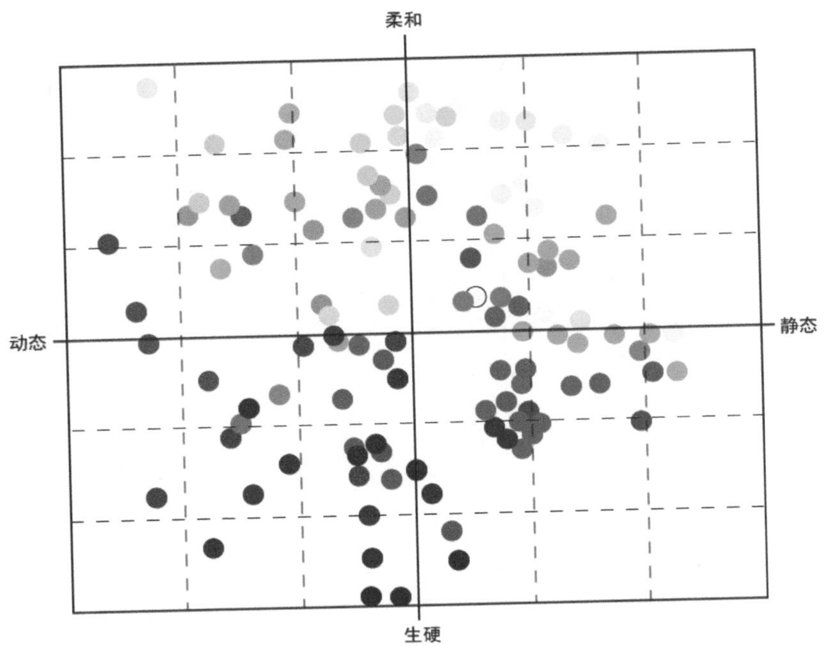

图5.24 单色印象空间

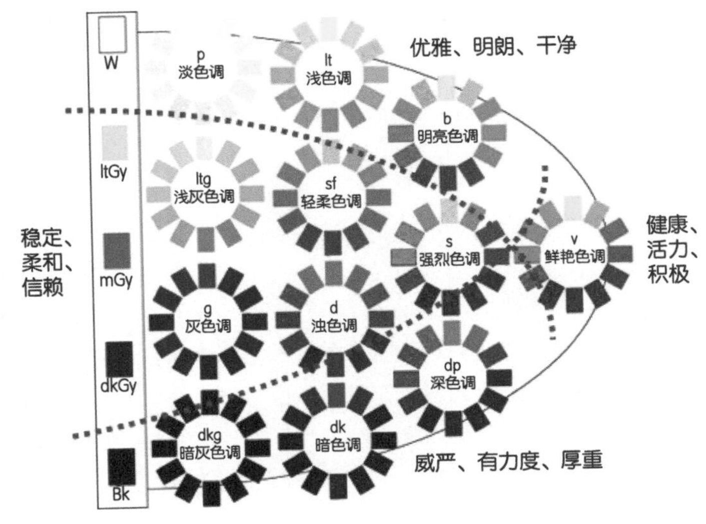

图5.25 色调的基本印象

我们在进行产品设计、品牌形象设计、网站设计和平面广告设计的时候，通常都需要搭配使用多种颜色来获得较好的配色效果。同理可以得到色彩“配色印象空间”（图5.26）和“形容词印象空间”（图5.27）。

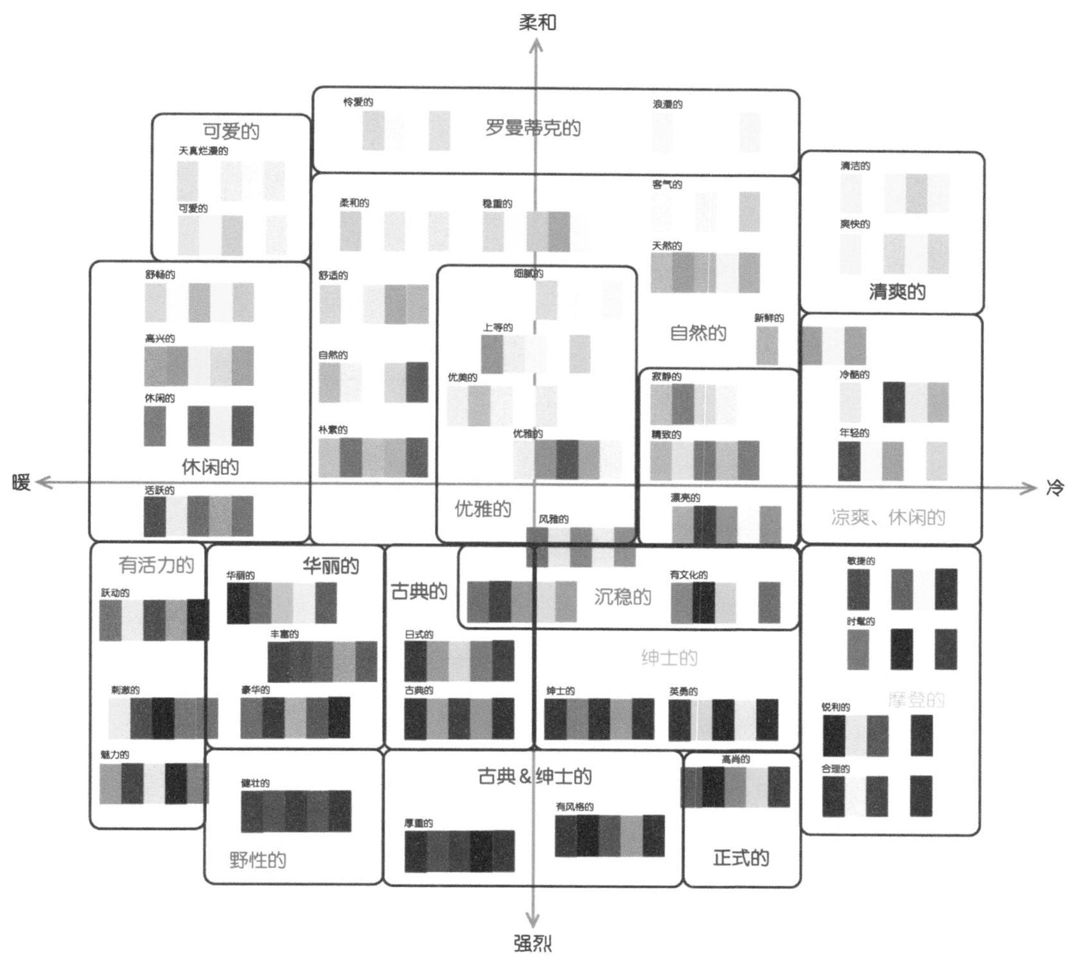

图5.26　配色印象空间

由图5.26可见，给人静态柔和感觉的，通常都是隐约柔和颜色之间的搭配；给人动态柔和感觉的，通常都是鲜亮颜色间的搭配；给人动态生硬感觉的，通常都是鲜亮和浑浊暗淡颜色之间的搭配；给人静态生硬感觉的，通常都是灰冷颜色之间的搭配。相距较远的颜色之间的印象会有较大的差异，而距离较近的颜色之间的印象会比较相近，也就是说颜色间的距离与印象的差异程度成正比关系。

如何利用印象空间来对产品或网页进行有效的色彩设计呢？对于“配色印象空间”和“形容词印象空间”（图5.27），位于相同位置上的颜色和形容词可以说是具有相同的意义，也就是说，位于“配色印象空间”某位置上的颜色完全可以用“形容词印象空间”相同位置上的形容词来形容。通过这种方式比较颜色与形容词，设计师们就可以判断出不同颜色给人感觉的不同，也就可以由此策划出一套科学客观的配色方案。

假设正在设计一个少儿主题的网站。当决定好网站的主题风格为“可爱、快乐”之后，查找这些形容词在“形容词印象空间”中的位置，然后确认在“配色印象空间”中同一位置上的颜色，站点的设计中就可以重点考虑使用这些颜色了。但并不是说只能使用这些颜色，而是应该在以这些颜色为主流的同时适当地使用一些其他颜色。因为决定好配色的主颜色后，就可以轻松地找到可以与主颜色进行较好搭配的其他辅助颜色。

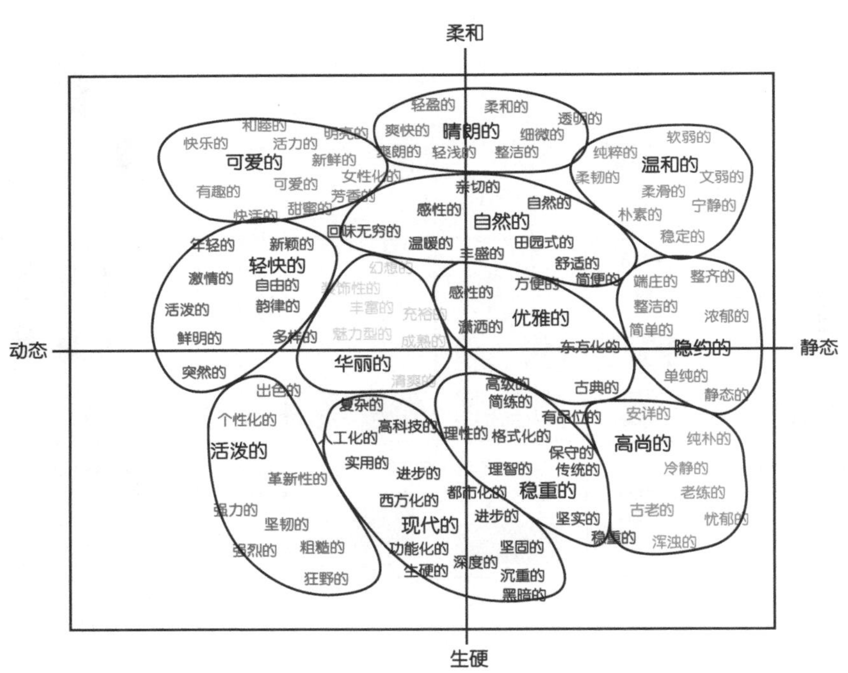

图5.27　形容词印象空间

需要注意的是，在形容词印象空间中，不应该将一个形容词理解为空间中的一个点，而应该将形容词理解为以该点为中心向四周扩散的范围。例如，“温和的”形容词所在位置中的颜色具有最强的“温和的”感觉，而以该点为中心向四周“温和的”感觉逐渐减弱。所以在利用“形容词印象空间”决定配色方案时，应该充分分析其周围的相关形容词。

同样我们可以对已经设计出来的产品或网页的配色方案是否合理进行分析检验并进行改进。

5.5.2 印象转化为设计的关键——色彩定位

色彩定位是对产品进行色彩设计的首要步骤，那么，如何对产品色彩进行准确定位呢？

（1）产品色彩设计程序

① 市场调查及色彩设计定位。产品色彩设计主要根据应从市场调查的实践中而来，通过对市场信息的收集整理得出的科学的结论应用于具体的设计中。产品色彩主要与消费者态度行为、社会文化、经济等因素有关，对色彩设计而言，市场调查的目的主要是为产品色彩设计定位，这是色彩设计的开端和策略性步骤，一旦色彩定位完成，其他工作就可以依次进行。

② 根据市场调查结果分析，作出合适的配色方案。任何产品色彩设计方案都应该有主色调和辅助色，只有这样，才能使产品的色彩既有变化又统一。产品的主色调以一到两种颜色为佳，当主色调确定后，其他的辅助色应与主色调协调，从而形成一个统一的整体色调。

③ 重点部位的色彩设计。当主色调确定后，为了强调某一重要部分或克服色彩平铺直叙、单调，可以将某个部位色彩进行重点配置，以求获得更好的效果。

重点部位的色彩设计的原则如下。

a. 选用比其他色调更强烈的色彩。

b. 选用与主色调相对比的色彩。

c. 应用在较小的面积上。

d. 考虑整体色彩的视觉平衡效果。

（2）产品色彩定位原则

色彩的定位会突出商品的美感，使消费者从产品的外观和色彩上看出商品的特点，从色彩中产生相应的联想和感受，从而接受产品。现代社会宛如信息的海洋，随时都有排山倒海的信息汹涌而来，能让消费者在瞬间接受信息并做出反应的，第一是色彩，第二是图形，第三是文字。

产品色彩的定位应根据以下原则。

① 根据本产品发展阶段定位。按照产品的生命周期来划分，产品的生命可以分为四个阶段：导入期、成长期、成熟期和衰退期。在产品生命的不同阶段所应用的色彩设计策略是有

所不同的。

a. 导入期和成长期。配色要突出产品的功能特点，形象要清晰易于辨认，这样有助于扩大产品的认知度。

b. 成熟期和衰退期。色彩设计采取提起关注和深挖市场潜力的策略，可以用修改色彩设计体系的方式延长产品线。

② 根据品牌定位。产品与品牌是相辅相成的，可以通过优势的产品产生品牌，更多的是由品牌衍生产品。

③ 根据流行的消费价值定位。在消费文化背景下，产品的价值属性超过产品的实际用途已成为产品的首要意义，产品开发为消费价值主导，因此，产品色彩设计也常常由产品的消费价值出发进行定位。比如倡导尊贵的产品使用金色，炫耀高科技的产品使用神秘的蓝色。

④ 根据流行色。在时尚消费品设计领域，如汽车、消费电子产品、眼镜、箱包、饰品等领域，由于产品的流行时尚特点，色彩设计占有重要地位，因此企业需密切追踪市场的色彩嗜好，预测色彩的流行趋势，根据预测或权威部门发布的流行色不断改进产品的色彩设计，使产品的色彩满足人们对色彩爱好的变化，以符合时代潮流，使产品受到市场欢迎。

⑤ 根据目标市场定位。根据目标市场进行产品色彩设计的定位主要包括根据用途定位、根据价格策略定位、根据目标消费群定位和根据竞争定位几个方面。

a. 根据价格定位。在同一种类的产品中按照产品定价的高低不同施加不同的配色设计方案，用色彩设计指示和区别产品的档次。

b. 根据目标消费群定位。将目标消费者细分成不同的群体，分别根据消费群的特色进行色彩设计，以便更适应市场需求。

c. 根据竞争定位。根据市场竞争的态势调整色彩设计策略，在色彩设计上与竞争对手有所区别，突出自身的特点，为产品赢得市场突破，为品牌树立独特的价值内涵。

（3）色彩的视觉表现方式

在产品设计中，色彩的视觉表现方式主要有以下几种。

① 利用色彩表达出产品的功能性，使色彩适应产品功能的要求，反映出产品的功能。

② 利用色彩形成辅助形态的一些产品，由于受结构、材质、成本等方面的限制，在形态、体量的感觉上往往不尽如人意，这时可利用色彩对人的心理的影响来弥补一些不足。

③ 给人留下鲜明印象的配色。充分利用色彩对人的视觉和心理上的巨大影响，采用独特、

强烈的色彩配置，使产品从环境中脱颖而出，吸引消费者注意，这种配色方法适合于流行性产品。

④ 利用色彩使材质、构造、形态更好地调和，使产品的材质、构造不过于复杂。

⑤ 使人产生联想的配色。利用配色可使人对产品的品质、属性等产生联想。

⑥ 和其他产品、环境空间、自然环境相协调的配色是人在生活空间用色的最高准则。

⑦ 去掉不必要的装饰细节，表达出具有时代感的配色。

5.5.3 印象空间在产品色彩设计中的运用

案例1 Klean Kanteen矿泉水钢瓶

（1）品牌定位

高品质的、健康的

Klean Kanteen牌不锈钢水壶始创于2004年，该品牌致力于提供比塑料等材质更加安全、健康、轻盈而且经久耐用的不锈钢水壶。目前该品牌在美国亚马逊水壶销量排名第二，它的质量和安全性被很多网友认为不逊色于瑞士SIGG西格水壶。

（2）产品定位（类别定位、风格定位、产品性能、定价）

全世界第一个运动用钢制水瓶——功能优异、外形优雅，适合所有人随身携带

2004年，公司开始销售第一批Klean Kanteen，产品的构思是想给予大众另一种比塑料更好的选择：轻量、循环利用、不含酚甲烷的健康水壶；可一辈子使用的水壶；便于清洗、便于各种年龄层携带的饮水容器；一个无论装上多少次都能保持饮料新鲜原味的水壶；功能设计简单完善的水壶。

（3）受众定位（年龄、社会阶层、喜好、生活方式、欲求倾向、购买倾向）

注重生活质量、饮水环保、装备携带轻便的人群

Klean Kanteen的设计意图是：将Klean Kanteen带到音乐节、环保活动、户外节庆或某些日常聚会的现场给观众，他们总会问："哪里可以买到更多？我爱Klean Kanteen！"

Klean Kanteen的受众定位是比较广泛的：喜欢登山、野营、游泳的专业户外运动爱好者，忙于工作的上班一族，热爱时尚炫酷的达人们，蹒跚学步、刚学会自己握着奶瓶喝水的孩子（图5.28）等。

图5.28　产品目标人群

（4）色彩定位

（适合商品的颜色？展现品牌的颜色？传达意象的颜色？吸引消费者的颜色？让商品脱颖而出的颜色？）

适合商品的颜色、传达意象的颜色——新鲜的、健康的、安全的

Klean Kanteen采用100%食用级不锈钢，无毒，永不变质，安全环保，可用于需要高安全性的奶牛养殖和酿造业。镍含量低，不含铅，耐酸。高品质的不锈钢，不会让气味遗留在水壶内，无论加几次水，还是盛放葡萄酒和果汁等任何饮品，Klean Kanteen都能保持饮料新鲜、干净的味道。 采用大口径、大螺纹设计可以加入冰块和其他较大的物品，易于开关。清洗上，可以使用洗碗机，手洗也很容易。经久耐用，号称可以使用一辈子的水壶。

如何通过色彩设计表现Klean Kanteen水壶卓越的、与众不同的保鲜功能。并体现与丰富多彩、充满活力、健康的户外活动相关呢？选择什么样的颜色能愉悦使用者，能在不同的场合中让拥有这款瓶子的人脱颖而出呢？

基础印象定位关键词：新鲜的、时尚的

具体印象定位关键词：安全的、健康的、活力的

（5）进行与产品形象一致的色彩设计（色调、色相、明度、色彩搭配）

为突出Klean Kanteen水壶的保鲜功能、浓郁的运动感、轻便易携带和健康安全的保障，选择了表现不锈钢材质本色的银色、经典的月食黑和格拉西亚白黑白色调、动感活力无限的明度和纯度很高的海峡岛蓝、金罂粟黄、有机花园绿、海葵粉红这几种亮暖色调的颜色（图5.29）。

图5.29　Klean Kanteen经典矿泉水瓶

基本色：银色、海峡岛蓝、金罂粟黄、有机花园绿、海葵粉红、月食黑、格拉西亚白，见图5.30。

银色　海峡岛蓝　金罂粟黄　有机花园绿　海葵粉红　月食黑　格拉西亚白

图5.30　基本色

基本色的色调及明度分布见图5.31。

银色属于明度和纯度都很高的浅灰色调，银色是沉稳之色，代表高尚、尊贵、纯洁、柔和。

格拉西亚白属于明度和纯度都很高的白色调，代表干净、优雅。

月食黑属于黑色调，但比纯黑更显厚实、稳重。

海峡岛蓝属于明度很高、纯度很高的明亮蓝色调，给人优雅、明朗、干净的感觉。

金罂粟分布于亚洲东部和美洲北部，花为黄色，黄色的波长适中，是所有色相中最能发光的色，金罂粟黄给人轻快、辉煌、馥郁、充满希望和活力的色彩印象。

绿色是蓝和黄混合成的颜色，像草和树叶茂盛时的颜色就属于有机绿色。有机花园绿给人清新、自然、活力、健康的色彩印象。

粉色属于明度和纯度比较高的明亮色调，海葵粉红比粉色调更深些，给人优雅、甜蜜的色彩印象。

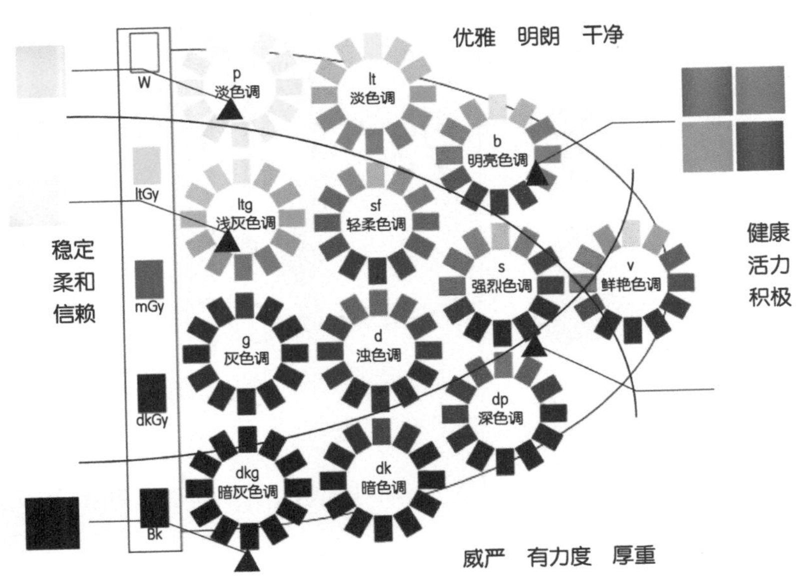

图5.31 色调及明度分布

基本色的色彩印象空间分布和形容词印象空间分布见图5.32、图5.33。

多种色彩的设计另一方面满足了不同性别、不同性格倾向、各年龄段用户的多样化要求，如图5.34所示。

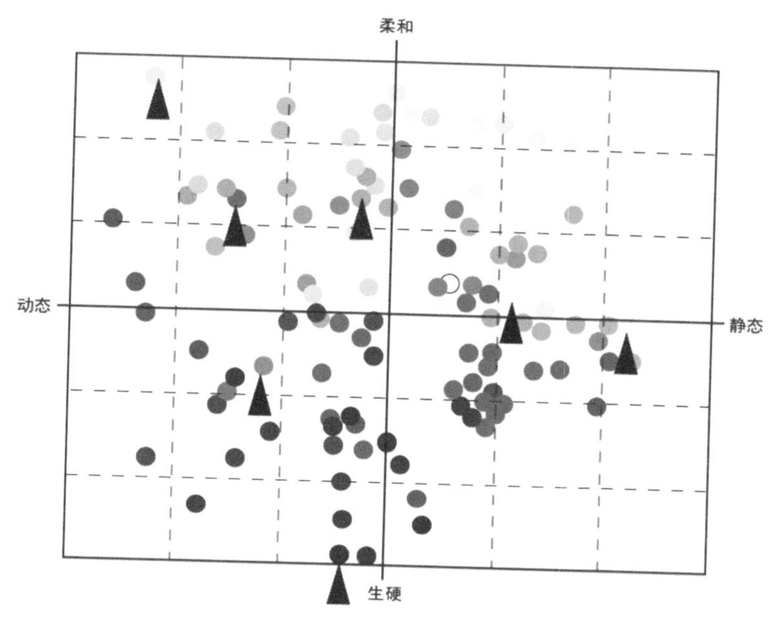

图5.32　基本色的色彩印象空间分布

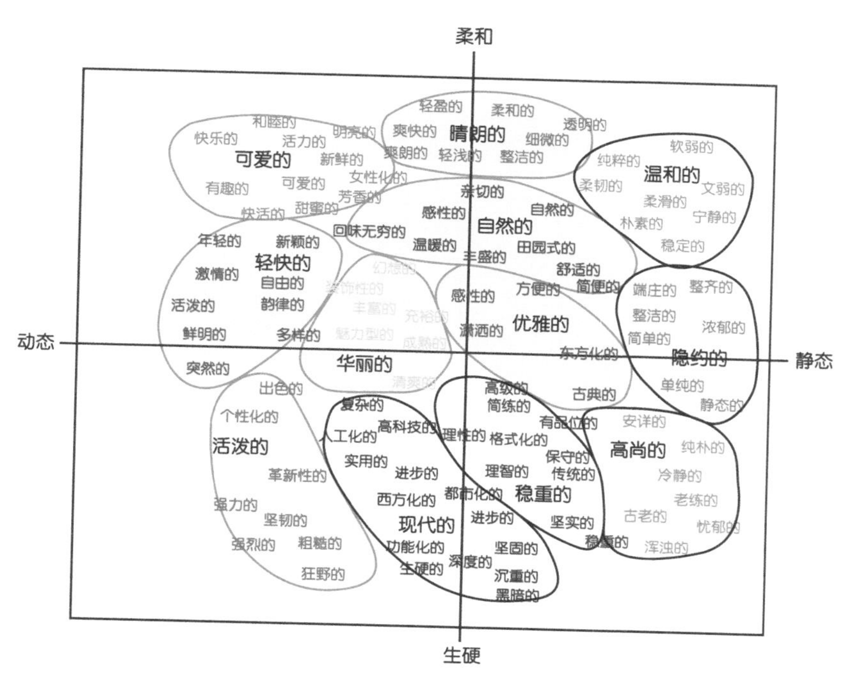

图5.33　基本色的形容词印象空间分布

（a）银色款　（b）海峡岛蓝色款　（c）金罂粟黄色款　（d）有机花园绿色款

（e）海葵粉红色款　（f）月食黑色款　（g）格拉西亚白色款

图5.34　多种色彩的设计

无论是上一整天的班，或在孩子们的课外时间享用一个健康的晚餐，或去公园遛狗、骑自行车或与朋友外出的欢乐时光，一个或两个这样的水瓶将带给使用着幸福的一天。

案例2　日本小花田蜡笔DotFlowers CRAYON

（1）产品定位（类别定位、风格定位、产品性能、定价）

一只蜡笔就可以画出七彩的颜色

普通的蜡笔套装包含的蜡笔个数不一，有几支、十几支的甚或更多支。它们的共同点是不论蜡笔有多少支，每支蜡笔只有纯粹的一种颜色。如果要完成一幅较精致的画，就需要用上全部的蜡笔并花费较长的时间来完成。

日本小花田蜡笔跳脱出传统的蜡笔设计圈，提出“一只蜡笔就可以画出七彩的颜色”的设计理念，使绘画变成容易上手、容易出效果的愉快的过程，即使是绘画艺术的门外汉也可以用一支蜡笔画出满意的作品。

（2）受众定位（年龄、社会阶层、喜好、生活方式、欲求倾向、购买倾向）

喜欢绘画的人群

日本小花田蜡笔的创意看似简单，但却是无人能及的，只有那些善于从生活中发现需求的人才会有如此心思。受众定位也很简单，就是那些喜欢绘画创作的所有人，无论是刚刚可以画出简单线条的幼儿，还是经过绘画培训的专业人士，抑或是颐养天年，用绘画来丰富生活的老年人们，见图5.35。

图5.35　产品目标人群

（3）色彩定位

（适合商品的颜色？展现品牌的颜色？传达意象的颜色？吸引消费者的颜色？让商品脱颖而出的颜色？）

适合商品的颜色、让商品脱颖而出的颜色——一只蜡笔就可以画出七彩的颜色

一只蜡笔就可以画出七彩的颜色，如何选择极具特点的颜色让蜡笔在琳琅满目的蜡笔产品中脱颖而出呢？

基础印象定位关键词：多彩的、自然的

具体印象定位关键词：创意的、高品质的、有趣的、易用的

（4）进行与产品形象一致的色彩设计（色调、色相、明度、色彩搭配）

日本小花田蜡笔从自然界多姿多彩的花朵汲取灵感，每一种花有其代表性的颜色和花语，人们寄予不同的花以不同的情感和心境。产品采用了套装形式，一个套装包含6支蜡笔，每个蜡笔是由多个颜色粉点组成。每个蜡笔中的颜色质点的组合见图5.36。

图5.36　点花蜡笔套装

① Cosmos（秋樱，见图5.37）

花语：少女纯洁的心

颜色：Pink/Pale Blue/Yellow/White（粉红色，黄色，淡蓝色和白色）

② Tulip（郁金香，见图5.38）

花语：博爱、永恒的爱

颜色：Red/Yellow/Blue/Yellow Green（红，黄绿色，蓝色和黄色）

③ Puppy（罂粟，见图5.39）

花语：像少女一样、感谢

颜色：Orange/Lavender/Pale Blue/Yellow Green/Yellow（薰衣草，橙，黄绿色，淡蓝色和黄色）

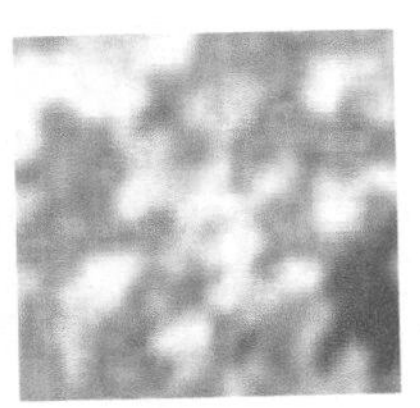

图5.37　Cosmos（秋樱）

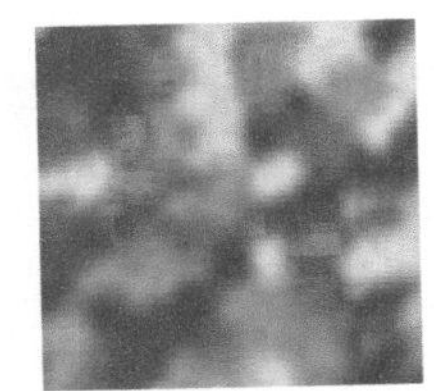

图5.38　Tulip（郁金香）

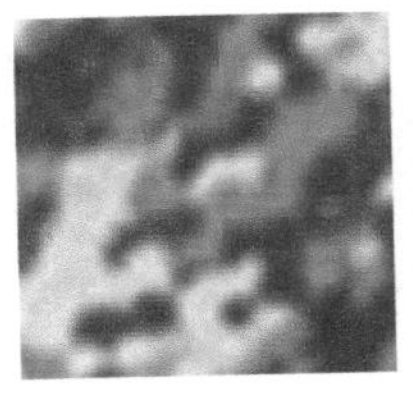

图5.39　Puppy（罂粟）

④ Marigold（万寿菊，见图5.40）

花语：信赖、可怜的爱情

颜色：Red/Blue/Orange/Olive Green（红，蓝，橙，橄榄绿色）

⑤ Lavender（薰衣草，见图5.41）

花语：芳香、等待爱情

颜色：Red/Lavender/Blue/Green（红，薰衣草，蓝，绿）

⑥ Morning Glory（牵牛花，见图5.42）

花语：结束、友情

颜色：Blue/Pale Blue/Orange/Green/Yellow Green（浅蓝，蓝，黄绿色，橙色和绿色）

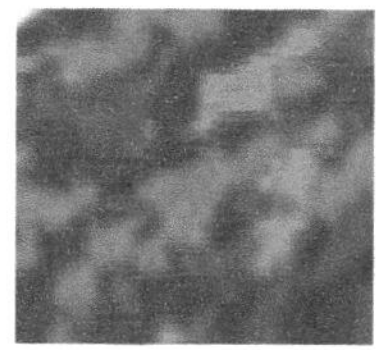

图5.40　Marigold（万寿菊）

图5.41　Lavender（薰衣草）

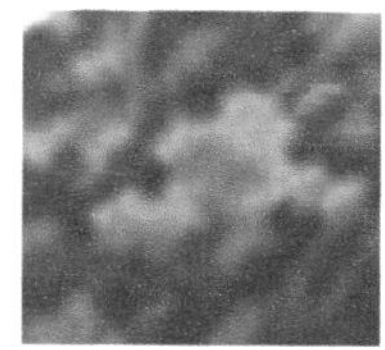

图5.42　Morning Glory（牵牛花）

基本色形容词印象空间分布见图5.43。

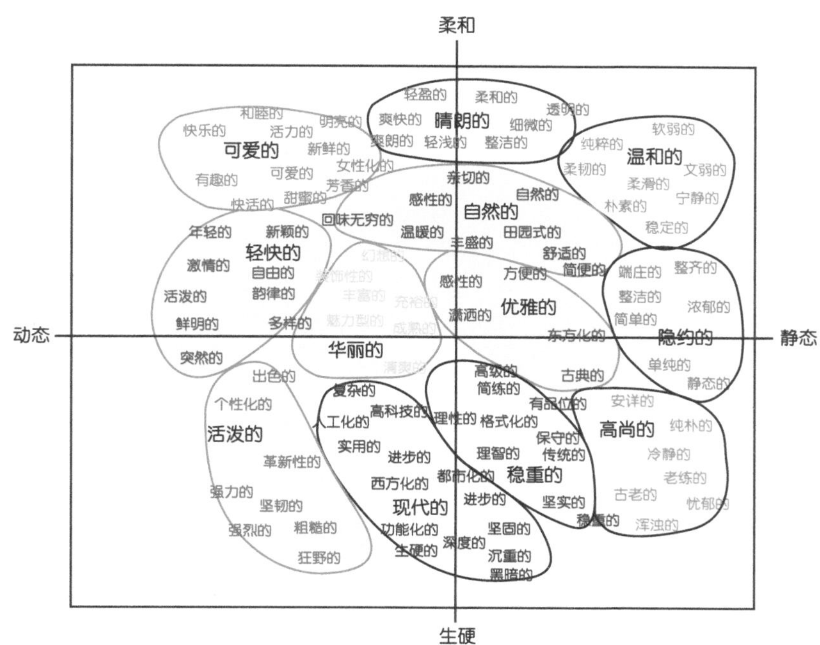

图5.43　基本色形容词印象空间分布

上盖为透明塑料，透过上盖可以清楚地看到里面的蜡笔，从而使人获得最直观的蜡笔产品形象，语义传达明确，见图5.44。

图5.44 套装的外包装

每一根蜡笔都富含美妙颜色 ，简单的线条，可以产生令人意外的美丽的画图效果，使绘画充满了无限创意的可能性（ 图5.45 ）。

图5.45 一支蜡笔就可以画出多种色条

用一支蜡笔就可以画出丰富的色彩，如图5.46所示。

图5.47是用这个蜡笔画出的莫奈名作，效果非常好。

图5.46 一支蜡笔就可以画出丰富的色彩

图5.47 用蜡笔画出的莫奈名作

6. 设计心理学研究

SHE JI XIN LI XUE YAN JIU

设计心理学是设计专业的一门理论课，是设计师必须掌握的学科，是建立在心理学基础上，把人们心理状态，尤其是人们对于需求的心理，通过意识作用于设计的一门学问。它同时研究人们在设计创造过程中的心态，以及设计对社会及对社会个体所产生的心理反应，反过来再作用于设计，使设计更能够反映和满足人们的心理需求。

设计心理学作为心理学的一个分支学科，其研究主要沿用了心理学的一般研究方法，但由于研究者、研究对象、研究目的等的差异性，因此具有一定的特殊性。

6.1 设计心理学研究目的

设计心理学研究的目的有两个（图6.1）。

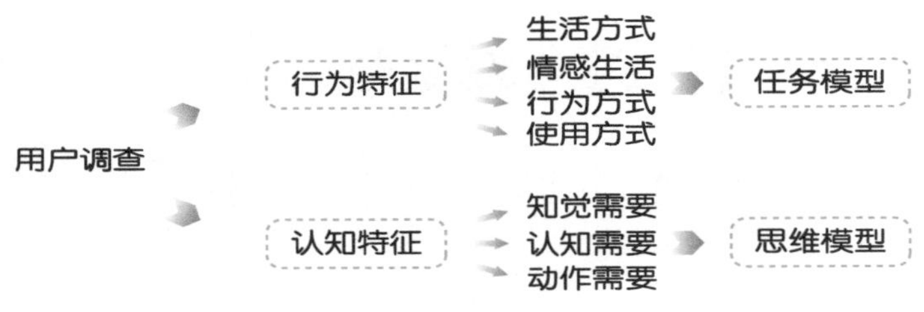

图6.1 设计心理学研究的目的

（1）了解用户的行动特征

了解用户对该产品的目的动机，包括用户与产品有关的生活方式、情感生活、行为方式、各种使用环境和情景、用户的想象、用户的期待、用户的喜好。通过调查分析出用户的价值观念、需要、使用心理。在用户行动特征方面，主要了解他们的操作目的、操作计划、操作过程、对操作的评价，获取这些信息后，可以建立用户行动模型。

（2）了解用户的认知特征

了解用户操作过程和思维过程，从而发现用户需要，主要包括知觉需要、认知需要、动作需要等。在用户认知特征方面，主要了解他们的知觉特性、思维特性、理解特性、选择和决断特性及解决问题的特性。这些信息可以建立思维模型。

设计调查主要包括以下内容。

① 用户对该产品的基本看法。这涉及他们与该产品有关的生活方式、行为方式、使用目的等。

② 用户学习使用的过程。在学习使用过程中，主要通过观察法和有声思维得到用户的思维过程。特别是用户在过程中表现出与自己想法不同的操作及使用方式;最关键的信息要调查多个用户，比较他们的想法，进行归纳总结。

③ 用户的操作过程。操作过程是设计调查过程中关键的方面，让用户完成一个任务。思考要做什么，怎么做，先干什么，后干什么。特别观察在使用物品前用户的思考过程，目标如何转化成意图，意图又如何转化成一系列的内在指令。通过操作过程的观察与记录，可以打破现存物品定式的思维模式，发现用户自发的思维模式。

④ 用户关于减少出错的各种建议。用户在使用产品的过程中，会出现各种各样的错误，对于经常出现的错误一定要特别注意，因为这类错误有可能是因为设计而引起的。认真聆听用户的建议对于改进产品的相关特性有重要的作用。

⑤ 使用感受及改进建议。通过用户访谈和用户操作过程来了解用户的使用感受，并让他们提出改进建议。在用户访谈中，专家用户的感受与建议是对设计非常有用的信息。在调查中，要听取专家用户的改进意见，特别是对于维修人员，他们知道这个产品哪方面容易出现差错，哪方面容易损坏，怎样可以避免，这是维修人员多年来修理工作中得出的经验。

⑥ 操作中的思维过程。操作中的思维过程是很难把握的，用户操作过程是伴随着思考的，如何了解用户这一思考过程？一方面通过有声思维，另一方面借助摄像等辅助，调查后再回顾。

⑦ 对图标、按键、界面布局的理解。图标、按键、界面布局是易用方面必须考虑的问题，图标、按键设计得是否合理对于操作的难易程度有很大的影响。

⑧ 各种使用环境和使用情景。在设计调查中，注明使用的环境和使用情景有助于后期的数理统计。因为，在不同的使用环境和使用情景下，用户的思维模式是有差异的。例如，在白天和夜晚不同的情景下操作同一个产品，用户的使用感受不同。也可以在调查用户操作行为过程中，设计一个特殊的情景，比如，因时间紧迫而迅速拨打电话，用户着急地寻找电话号码，拨号……整个过程属于非正常思维下的操作，利用其中得到的信息，可以设计紧急情况下的操作模式。比如，手机的快捷键就可以实现这种紧急操作。

⑨ 用户背景信息。该信息对产品进行市场细分及理解用户很有帮助。

（3）调查分析报告

对专家用户访谈后，不仅要写出用户调查过程和调查内容，更重要的是写出调查后的分析报告，目的是搞清楚哪些问题需要进一步进行统计调查，哪些信息可以用来建立用户模型。调查分析报告可以思维模型为主线来写，也可以用户的任务模型为主线来写，还可综合起来一起写。

6.2 设计心理学相关研究理论

6.2.1 Design O2O设计思路

Design O2O这个思路是整个设计“CORE”方法的理论基石。

人的大脑是个超级存储器，总是通过五感接受信息，被大脑识记，并且保存在记忆当中，由于我们是从事互联网设计，都是偏电脑页面的一些设计，所以主要能发挥的是视觉和听觉，线下某些实物的工业设计还会有嗅觉、味觉、触觉。图中的“识记——保存——重现”是人类记忆的主要过程，重现包括回忆和再认两个环节，我们这里提到的主要是指回忆，是在一定诱因的作用下，过去经历的事物在头脑中的再现过程。

拥有记忆的人通过看见了一些事物或者听见了某些信息，和大脑保存的过去进行了重合配对，唤醒了记忆，那些画面会被重现，在这个过程中你的大脑已经不知不觉中招了、被刺激了，重现的画面在你的脑海里久久不能离去，以至于让你做出一些意想不到的事，就是我们说的情绪行为，以我们自身为例，影响的就是购买决策。在我们的平台上就有一群这样的用户，人称“月光族”“剁手党”……所以我们发现对于一个完全没有记忆的人来说，其实是很难触动情感的。

offline 2 online，就是刚才所说的过程，这个过程转化为设计，就是把线下的场景或者人物或者事件等还原到设计中，这是O2O业务模式的设计延伸，也同样印证了一句哲学思想：Everything is connected。万事万物都是互相联系的（图6.2）。

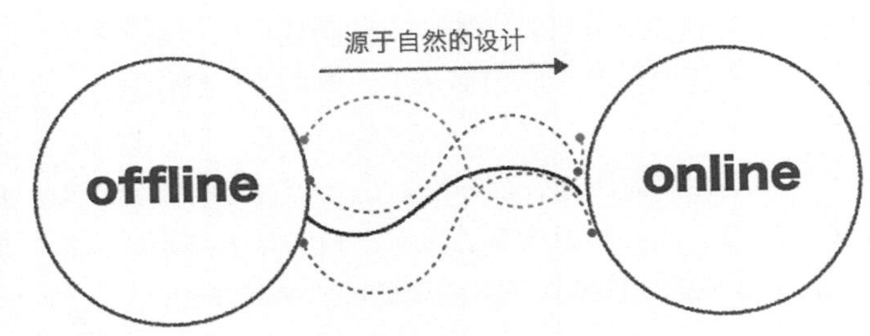

图6.2　offline 2 online模式

O2O业务模式将线下的商务机会与互联网结合，让互联网成为线下交易的前台，我们的设计也是一样将线下的事件、人物、场景，甚至是过去所铭记 的那些虚拟事物，成为我们设计的灵感之源，连接线下和线上的桥梁，不一定是长得一模一样的桥梁，通过不同设计师的设计手法也会有一样的展现结果，但它们都可以是触动人心的。

6.2.2 “CORE”方法模型

那这个Design O2O的思路核心到底是什么呢？如何通过这个思路去指导我们完成触动人心的设计呢？其实这个思路核心就是一个叫CORE的设计方法模型，它包含4个阶段，分别是采集（collect）、组织（organize）、反应（reaction）、评估（estimate）（图6.3）。

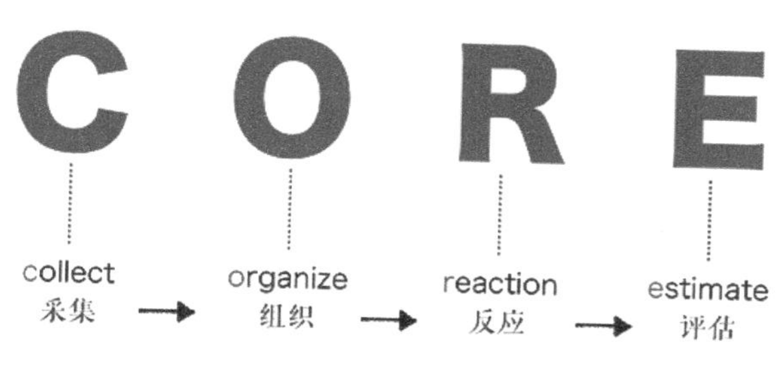

图6.3 “CORE”方法模型

这4个阶段彼此间的相互作用形成了一种做触动人心设计的方法，接下来我将对整个模型进行细分拆解。

（1）采集

首先我们来说一下“采集”，我们要做触动人心的设计，必须要充分了解用户内心的所想、所感，了解得越充分越接近用户的痛或者他们的渴望，就越能刺激用户的内心，达到我们的设计目标。在这个环节我们通常可以在项目中使用移情图或用户体验地图通过定性、定量的方式深入了解（基于persona）目标用户，也可以学会自己平时多观察生活，通过照片、日记的方式记录生活中的点滴。车尔尼雪夫斯基说美即是生活，生活中的点滴会给我们更多“触动人心”的灵感，让我们在设计的过程中游刃有余。

（2）组织

第二个环节“组织”，在采集环节收集到用户的所想所感，将会在这个环节进行再加工。之前通过Design O2O的思路推导发现“没有记忆的人是难触发情感的”。我们通过对记忆和情感的相关性剖析发现，记忆和情感都是人类认知的核心，记忆通常都伴随着情感而情感又有助于加深记忆。

所以我们从记忆的角度切入进行了对人们情感节点的探究，继而发现人们的情感节点因人而异，做触动人心的设计最理想的情况是能够组织一些大家共有的情感节点，在整个设计方法中这是一项非常重要的原则。我们通过对记忆的研究并结合一些数据资料，推导出了六个可能引起用户普遍共鸣的情感节点：时期、地区、环境、人物、事件和文化，如图6.4所示。

图6.4 六个可能可以引起用户普遍共鸣的情感节点

6.2.3 以角色分析为基础的PBDDM方法

以角色分析为基础的PBDDM方法（图6.5）将角色分析和UCD方法结合在一起，以用户需求原型为中心进行产品的设计开发。角色与目标导向的分析是由Alan Cooper1990年提出的，其主要思路是在产品开发初期，依据市场分析识别和构造出一个（或多个）虚构的典型角色原型（persons），使其具有某类产品的需求共性，再将该角色放在相应的产品使用环境，设想其将如何操作或使用该产品，从而获得更加明确的设计目标并配置相应的功能和外观组合，以提高产品的可用性、易用性甚至钟爱度。虽然角色分析早先是针对软件的可用性设计提出的，但其方法同样适用于产品设计。通过角色，产品设计者可以站在用户的角度考虑问题，把注意力集中在用户需求和目标上，降低了设计者依靠自己的直觉或者管理者的凭空想象来设计产品的风险性；产品设计中可以根据主要角色和次要角色来确定产品开发项目的优先级，对于产品设计的不同意见也可以依据角色预测与合理推演来解决；角色还可以用来在产品设计的各个阶段评估方案，减少项目的花费和时间，从而减少昂贵的可用性测试数量等。此方法的实施包括以下步骤。

① 用户资料的获取与角色确定。通过访谈法、问卷调查法等有计划地实施调研，获取用户基本信息。

② 角色与场景的描述和选择。需要根据用户访谈和市场调研资料来确定产品有关的角色元素，对角色和场景进行较细致的描述。比如，角色的姓名、性别、年龄、职业、生活习惯等。

③ 角色交流和内部沟通。这一步包括将角色模板进行制作，并让与产品开发相关的人员认识、熟悉和评议该角色模板，并推广，便于在以后的设计活动和方案评审中有一个共同的交流平台和指向明确的目标。

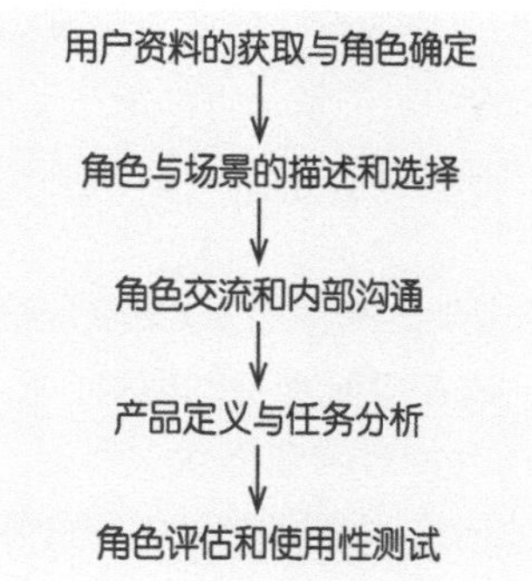

图6.5 以角色分析为基础的PBDDM方法实施步骤

④ 产品定义与任务分析。即以角色和场景设定为基础确定产品概念特征，包括产品的特征属性、产品轮廓，确保后续的设计行为和产品开发项目可以支持用户目标以及需求。这实际上是对用户需求的进一步梳理、分解和归纳。

⑤ 角色评估和使用性测试。角色评估是指依据角色设定和场景要求来评估各阶段设计工作进展和方案，以保证设计目标和任务能按预定的用户需求方向发展。

角色是用来支持其他以用户中心设计的方法和手段的，角色模型的使用主要是为确定产品个性服务的，因此在产品开发过程有利于设计出更能够满足用户需求的产品。角色分析可以帮助我们在设计中了解和明确产品功能、稳定设计目标与方向、组织与整合设计资源、确定各阶段方案评估标准，以及设计的实时评估。因此，角色模型在确定产品概念、产品属性特征、产品使用环境、评估用户满意度和忠诚度上都应当发挥积极的作用，尤其是充当联系产品与人很好的媒介。

6.2.4 Kano模型

产品是由诸多产品属性组合而成的，不同类别的产品是因其本质属性不同而相互区别的。同类的产品是因其各方面属性水平不同、表现形式不同或整体的属性组合不同而各具特色。菲利普·科特勒认为产品属性的内涵是：产品包括能使消费者通过购买而满足某些需要的特性，这些特性称为产品属性。在工业设计中，产品属性是用户需求识别的客观反映。满足用户需求，实际上就是满足用户对产品各个属性的需求。因为用户在心理的需要反映在真实的市场中，即是产品的属性表现。因此，对产品属性的认识和总结是识别用户潜在需求的基础步骤。卡诺模型（图6.6）通过强调产品各属性对用户满意度的影响来对属性分类。在Kano模型中，将横坐标表示某属性的具备程度，而在具备程度的表示上是以右边表示该属性的具备，越向右边，具备程度越高；以左边表示属性的欠缺，越向左边，欠缺程度越高。而纵坐标则表示顾客或使用者的满意程度。上轴表示满意，越向上，满意程度越高；下轴表示不满意，越向下，越不满意。利用这两个坐标的相对关系，可以把产品属性分为以下三类。

（1）基本属性

这种产品属性在用户的基本期望得到满足后，对顾客满意度的作用就会减小。它们不会形成产品间的重要差别，仅仅是满足顾客最低水平的期望，是各种产品的主要属性需求。图6.6中用下方的曲线表示产品属性水准的相对满意程度。有时，基本属性称为“必需”的产品属性。产品只有满足了这些属性，才能让顾客在交易中按价格付款。如果产品达不到一般的标准，顾客就会有所抱怨，如果企业不能迅速地解决问题，那么就会使产品产生缺陷，大大降低企业的销售额。

（2）期望属性

顾客对产品的某些属性的需求是无止境的，这种属性越好，顾客满意程度就越高。期望属性也被称作产品的“需求”属性。它是产品竞争战略中最引人注目的一部分。图6.6中用45°斜线表示产品属性水准的相对满意程度。如不断地对手机整体形状进行美化设计，使外部造型更时尚。当然，前提是不增加额外的不合理成本或牺牲其他重要的属性指标。

（3）愉悦属性

这种产品属性能使顾客具有意想不到的满足感，有时它们甚至能令顾客欢呼雀跃。图6.6中用上方的曲线表示产品属性水准的相对满意程度。对于那些知道如何预期、定位和发现尚未得到恰当满足需求的创新型企业来说，愉悦属性无疑提供了大量竞争优势。

应用卡诺（Kano）图，可以衡量消费者对具有竞争关系的产品性能的主观反应和满意程度，从而获取产品的优势和劣势，指导以后的产品设计。

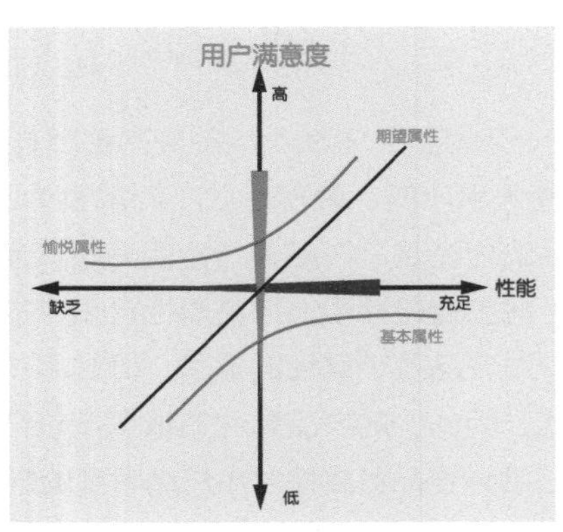

图6.6　Kano模型

6.2.5 感性工学

（1）感性

《现代汉语词典》给“感性”下了这样一个定义：“属于感觉、知觉等心理活动（跟理性相对）。”

本研究中的感性是指“感性工学”中的“感性”。“感性（Kansei）”其实是一个日文词汇，由“かんせぃ”音译而来。日语感性与中文含义相同，所以国内沿用这个词汇。日本感性工学专家长町三生教授认为，“感性”是人对物所持有的感觉或意象，是对物在心理上的期待感受。

日本筑波大学原田昭教授指出：“感性是主观的，是不可以用逻辑加以说明的脑的活动；感性是在先天中加入后天的知识与经验而形成的感觉认知的表现；感性是直观反应与评价的能力；感性是创造形象的心理活动。”

USI对感性下了这样的定义：感性是人类为了成功地适应环境而具备的生理上和心理上的功能。感性作为人类为了更好地生活而具备的功能，影响着意识形态。比如，喜怒哀乐等意识来自他们以往成功或失败的经历。个人的适应性行为和其他人及社会都有紧密的联系。

感性有以下三个层次。

① 安全和可靠：这是人们生活健康和舒适得以保证的最基本条件。

② 便利和舒适：人类种族用生物和文化的方式减轻来自环境的压力，包括生理上的适应和文化上的适应。

③ 良好的情感和情绪：当一件物品具有感性价值时，即物品与用户产生共鸣时，舒适（静态的愉悦）和快乐（动态的愉悦）将在人的感觉中显现出来，促使用户向该物品靠近。

（2）感性工学

感性工学的英文表达为Kansei Engineering，起源自1986年日本马自达株式会社的山本健一社长在国际汽车技术论坛——美国汽车工业公司和密歇根大学研讨会上做的一场演讲。该概念一提出即被汽车界所重视。

感性工学是一项将消费者意象和感受翻译为设计要素，并在新产品的开发上加以运用的技术，以工程技术为手段、依据理性分析的方法。感性工学将感性问题定量和部分定量地表达出来，包括生理上的“感觉量”和心理上的“感受量”。感性工学的研究对象是人，服务目的是设计物或现象，建立起人与物之间的逻辑对等关系，并认为此关系为表征感性问题的唯一特征。

（3）感性价值

一件具有感性价值的产品应该是一件能让用户产生心理上的化学反应或能唤起人们某种回忆、某种情愫，令用户产生偏爱之情的产品。这种情感让产品与用户互相影响、彼此互动、引发共鸣，令产品的价值超越其功能及固有价值达到新的层面。

举个例子，一个水杯很好用，大小合适、方便携带、耐摔、盖上盖子后不漏水，人们会愿意使用它。如果有另外一个水杯，同样满足上述功能，而且倒入热水后不烫手，人们可能就将原来的杯子替换掉了。可是，如果是一个对用户来说有特殊意义的杯子，或者是一个用了很多年产生了深厚感情的杯子，用户就不会轻易地去替换它。用户可能会因为这个水杯爱上了喝水。可见，用户情感上对它的"偏爱"高于它自身品质带来的价值，这种偏爱的价值是不能用理性和逻辑来衡量的。

制造方的设计能力、制造技术、对文化的理解等都会潜移默化地影响到产品或服务。一件好的产品或一项好的服务，必须具备能够向用户传达包括制造方信息的能力，在引起使用方的感动、共感、共鸣的同时，创造出一种超出"高功能、高质量、低价格"的特别价值，即产品的感性价值，如图6.7所示。

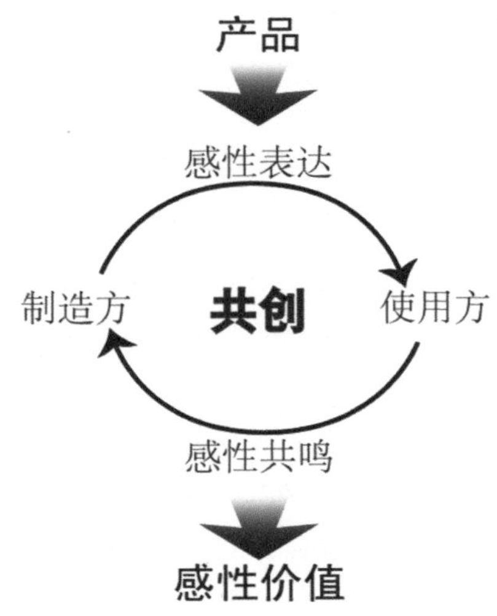

图6.7　感性价值的创造

自从20世纪70年代起，日本广岛大学工学部的研究人员就以在住宅设计中开始全面考虑居住者的情绪和欲求为开端，研究如何在住宅设计中将居住者的感性需求具体化，这一新技术最初被称为"情绪工学"。20世纪末，日本设计师平岛廉久的一句口号"物质时代结束，感性时代来临”正式宣告了“人的时代”的到来。

在消费社会里，产品使用者不再仅仅关注产品与服务在功能上的表现，也关注其情感方面的价值，甚至有的消费者对后者的关心程度比前者还要高，他们更多的是按照自己的主观评价来决定产品的购买。人们对产品的关注由功能、可靠性、价格等传统因素经过外观造型、色彩、材料质感等，转向产品的文化、语义、情感等感觉层面的因素。这些因素决定着产品是否可以得到消费者的偏爱。

设计师也逐渐认识到，消费者对产品个性的要求越来越高，对产品在感性层面上个人情感的需求不断扩大，因此在进行产品设计时，在满足产品基本功能的前提下，设计者必须将满足用户感性需求作为设计目标。

“基于感性目录的价值创造系统”是发掘用户的感性需求，使用户的需求与技术相结合，构建一种全新的实践性研发体系。更进一步来讲，是对用户的感性需求进行评估，发掘用户的潜在感性需求，将其付诸产品或服务，进而将创造的感性价值继续输送给用户的循环体系，如图6.8所示。

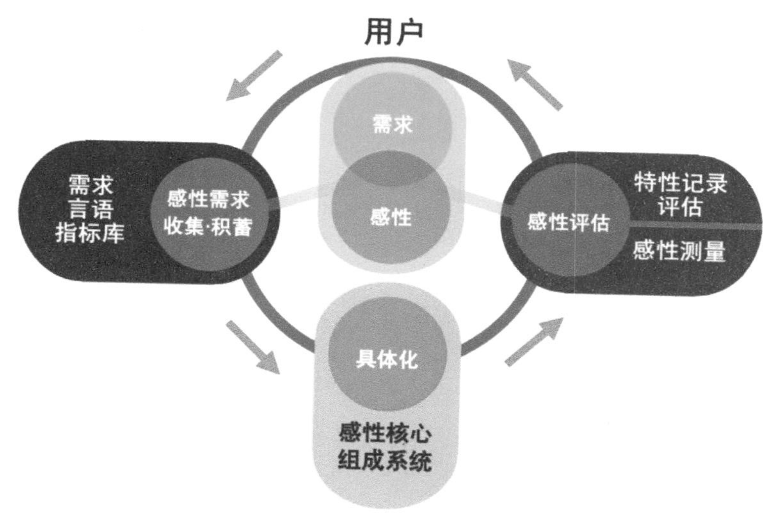

图6.8　基于感性目录的价值创造系统

感性目录（图6.9）在形式上分横轴和纵轴两个方向，纵轴代表用户的三类感性需求，分别为安全和可靠、方便和舒适、好的情感和情绪，用户的感性需求用句子进行描述；横轴方向代表不同阶段（部分）的知识，如计划阶段、实施阶段、检验阶段，可以多份表格的形式呈现。

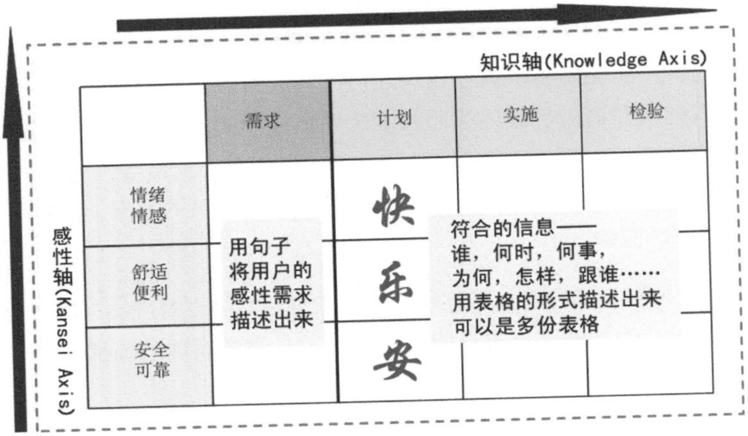

知识轴(Knowledge Axis)
需求
计划
实施
检验
情绪
情感
舒适
便利
安全
可靠
感性轴(Kansei Axis)
用句子
将用户的
感性需求
描述出来
快
乐
安
符合的信息——
谁，何时，何事，
为何，怎样，跟谁……
用表格的形式描述出来
可以是多份表格

图6.9　感性目录

感性目录具有三大机能。

① 感性需求的收集、积蓄，即需求言语指标库的建立（图6.10）。人们在日常生活中通过语言表达自己的情感，也是通过语言理解他人的信息。人类掌握了语言，使得自古留传下来的技术和世界观、意识等文化性积淀的传承成为可能。因此，通过构建一套由易于理解的简短语句构成的、可评估价值的设计评估指标，就可以实现具体的设计评估。在此称其为“特性记录(quality chart)”。

需求言语指标库来源于两大部分，一部分来自收集自研究人员在研究活动中假想的需求，另一部分来自实际用户的需求。

研究者
研究手法
研究成果
假想需求
言语指标
需求的感性分类
用户需求
言语指标

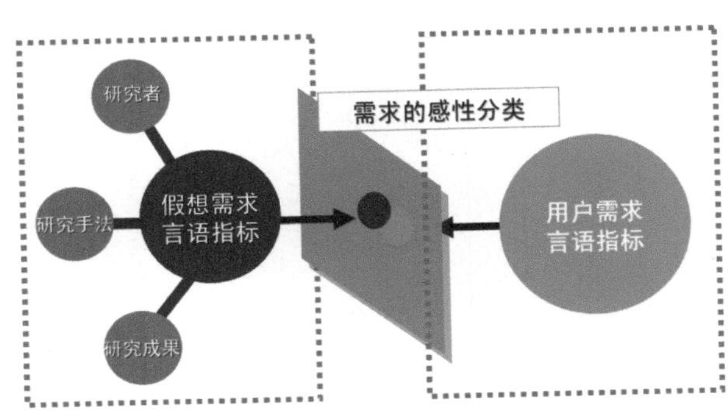

图6.10　需求言语的来源

收集到的需求被称为“需求言语指标”，然后整理成统一的文章形式，更进一步将感性需求进行分类，建立数据库，如图6.11所示。

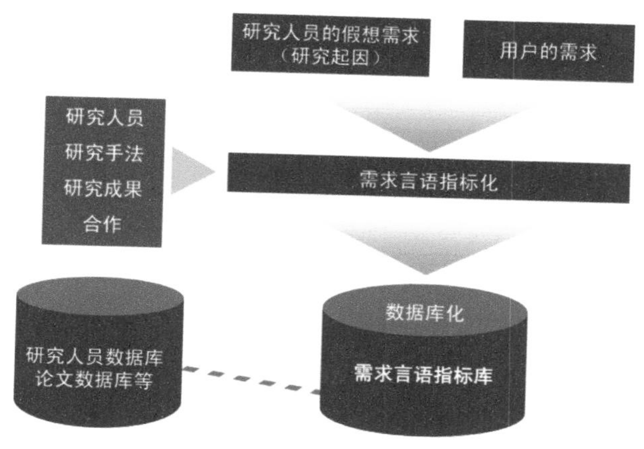

图6.11　需求言语指标库的建立

例如，对一件产品进行评估时，需列出一系列评估指标，如图6.12所示。

具有良好的美感。
具有适度的高级感。
体现了各项产品要素（价格、性能、操作性、形态等）之间的均衡感。
使用寿命较长。
不会让人产生厌倦。
能够被具有文化差异的不同国家或地区所接受。
能够想象它是用于生活中的哪些方面。
外观能够被各个年龄层的人所接受。
外观具有原创性。
改变了自己以往的价值观。
价格合适。

图6.12　评估指标实例

② 在感性目录中将感性需求与研究对象进行具体化配合，构建感性核心组成系统。感性核心组成系统是以归纳、分类后的需求言语指标为基础，将社会与用户的需求和研究人员的假想需求相结合，适合于以感性为基础的全新研究主题和跨研究领域的实践型研发体系的构建。

③ 感性评估

a. 特性记录评估。如今用户需求越来越多样化、复杂化，在商品开发过程中，有针对专业人员的评估，针对用户的评估和针对产品功能、性能的评估等，这些评价手法都是从单一视点出发，有着一定的局限性。另外，用户的设计意识不断高涨，设计的价值为一般人所接受。

特性记录评估（图6.13）是感性目录中担负感性评价的子系统。用户是各种各样的人的集合体。在这个理论中，根据用户与研究对象（产品、空间及服务等）之间的关系，将用户分为制造方（计划者、设计者、技术人员等）、供应方（销售人员、管理人员等）、接收方（最终普通用户）三类。站在不同的立场上，对于对象的认识及印象会有较大差异。

将三类用户的印象和认识差异看作是针对对象的评估偏差，将偏差进行图形化分析后展示出来，可以让各类开发人员认识到偏差的存在，并对其进行深刻探讨。这需要举办讨论会来探讨评估偏差的原因。在讨论会中，根据评估调查的结果，针对存在评估偏差的内容，以小组形式进行充分交谈和讨论，探讨偏差产生的原因。这对提供感性价值创造的设计或制造活动而言非常重要，可以为思维方式的创新带来契机，从而推动产品、空间或服务的感性价值创造。

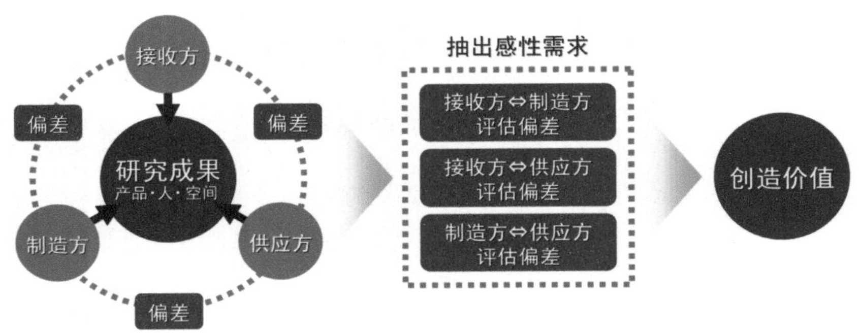

图6.13　特性记录评估

b.感性测量。一直以来在感性评估中被广泛使用的语义差分法（SD法）及问卷调查法属于心理评估法，能获得简单明了的结果，但是存在个人差异较大、较难实施定量分析等缺陷。而生理测量可以取得定量的数据，获得不受主观影响的客观性评估结果。常用的生理测量方法包括对用户的血压、脑波、脑氧代谢、心跳等指标进行测量，并做出评估。这样通过分别运用生理、心理测量的各自优点，互补性地进行测量和分析，便可实施综合性的评估诊断，将评估结果运用到产品或环境设计中去。

6.3　设计心理学的研究方法

6.3.1　用户观察与访谈

通过用户观察（图6.14），设计师能研究用户在特定情境下的行为，深入挖掘用户“真实生活”中的各种现象、有关变量及现象与变量间的关系。

（1）何时使用此方法

不同领域的设计项目需要论证不同的假设并回答不同的研究问题，观察所得到的数据亦需要被合理地评估和分析。人文科学的主要研究对象是人的行为，以及人与社会技术环境的交互。设计师可以根据明确定义的指标，描述、分析并解释观察结果与隐藏变量之间的关系。

图6.14　观察乘客地铁刷卡的过程

当你对产品使用中的某些现象、有关变量以及现象与变量间的关系一无所知或所知甚少时，用户观察可以助设计师一臂之力。设计师也可以通过它看到用户的“真实生活”。在观察中，会遇到诸多可预见和不可预见的情形。在探索设计问题时，观察可以帮助设计师分辨影响交互的不同因素。观察人们的日常生活，能帮助设计师理解什么是好的产品或服务体验，而观察人们与产品原型的交互能帮助设计师改进产品设计。

运用此方法，设计师能更好地理解设计问题，并得出有效可行的概念及其原因。由此得出的大量视觉信息也能辅助设计师更专业地与项目利益相关者交流设计决策。

（2）如何使用此方法

如果想在毫不干预的情形下对用户进行观察，则需要隐蔽，或者也可以采用问答的形式来实现。更细致的研究则需观察者在真实情况中或实验室设定的场景中观察用户对某种情形的反应。视频拍摄是最好的记录手段，当然也不排除其他方式，如拍照片或记笔记。配合使用其他研究方法，积累更多的原始数据，全方位地分析所有数据并转化为设计语言。例如，用户观察和访谈可以结合使用，设计师能从中更好地理解用户思维。将所有数据整理成图片、笔记等，进行统一的定性分析。

（3）主要流程

为了从用户观察中了解设计的可用性，需要进行以下步骤。

① 确定研究的内容、对象以及地点（即全部情境）。

② 明确观察的标准：时长、费用以及主要设计规范。

③ 筛选并邀请参与人员。

④ 准备开始观察。事先确认观察者是否允许进行视频或照片拍摄记录；制作观察表格（包含所有观察事项及访谈问题清单）；做一次模拟观察试验。

⑤ 实施并执行观察。

⑥ 分析数据并转录视频（如记录视频中的对话等）。

⑦ 与项目利益相关者交流并讨论观察结果。

使用此方法要注意以下几点。

① 务必进行一次模拟观察。

② 确保刺激物（如模型或产品原型）适合观察，并及时准备好。

③ 如果要公布观察结果，则需要询问被观察者材料的使用权限，并确保他们的隐私受到保护。

④ 考虑评分员间的可信度。在项目开始阶段计划好往往比事后再思考来得容易。

⑤ 考虑好数据处理的方法。

⑥ 每次观察结束后应及时回顾记录并添加个人感受。

⑦ 至少让其他利益相关者参与部分分析以加强其与项目的关联性，但需要考虑到他们也许只需要一两点感受作为参考。

⑧ 观察中最难的是保持开放的心态。切勿只关注已知事项，而是，要接受更多意料之外的结果。鉴于此，视频是首要推荐的记录方式。尽管分析视频需要花费大量的时间，但它能提供丰富的视觉素材，并且为反复观察提供了可行性。

但此方法也有局限性，当用户知道自己将被观察时，其行为可能有别于通常情况。然而如果不告知用户而进行观察，就需要考虑道德、伦理等方面的因素。

6.3.2 问卷调查

问卷调查（图6.15）是一项常用的研究工具，它可以用来收集量化的数据，也可以透过开放式的问卷题目，让受访者做质化的深入意见表述。

在网络通信发达的今天，以问卷收集信息比以前方便很多，甚至有许多免费的网络问卷服务可供运用，但方便并不代表可以随便，在问卷设计上仍然必须特别小心，因为设计不良的问卷，会引导出错误的研究结论，而导致整体设计方针

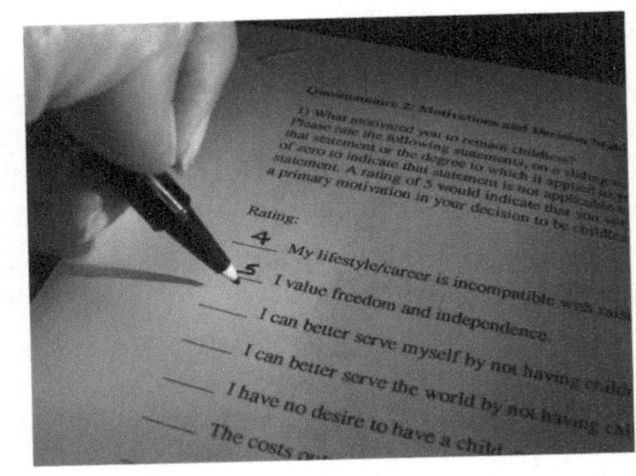

图6.15 问卷调查

与策略上的错误。张绍勋教授在研究方法一书中，针对问卷设计提出了以下几个原则。

① 问题要让受访者充分理解，问句不可以超出受访者之知识及能力范围。

② 问题必须切合研究假设之需要。

③ 要能够引发受访者的真实反应，而不是敷衍了事。

④ 要避免以下三类问题。

a. 太广泛的问题。例如“你经常关心国家大事吗？”，每一个人对国家大事定义不同，因此这个问题的规范就太过于笼统。

b. 语意不清的措辞。例如“您认为汰渍洗衣粉质量够好吗？”，因为“够不够”这个措辞本身太过含糊，因此容易造成解读上的差异。

c. 包含两个以上的概念。例如“汰渍洗衣粉是否洗净力强又不伤您的手？”，这样受访者会搞不清出要回答“洗净力强”和“不伤您的手”这两者中的哪一项。

⑤ 避免涉及社会禁忌、道德问题、政治议题或种族问题。

⑥ 问题本身要避免引导或暗示。例如“女性社会地位长期受到压抑，因此你是否赞成新人签署婚前协议书”。这问题的前半部，就明显地带有引导与暗示的意味。

⑦ 忠实、客观地记录答案。

⑧ 答案要便于建档、处理及分析。

现在，有很多专业的在线调研网站或平台（图6.16），调研者可以选择多样化的调研方式。

在线问卷调查的优点：

a. 快速，经济；

b. 包括全球范围细分市场中不同的，特征各异的网络用户；

c. 受调查者自己输入数据有助于减少研究人员录入数据时可能出现的差错；

d. 对敏感问题能诚实回复；

e. 任何人都能回答，被调查者可以决定是否参与，可以设置密码保护；

f. 易于制作电子数据表格；

g. 采访者的主观偏见较少。

而在线问卷调查法的缺点是：

a. 样本选择问题或普及性问题；

b. 测量有效性问题；

c. 自我选择偏差问题；

d. 难以核实回复人的真实身份；

e. 重复提交问题；

f. 回复率降低问题；

g. 把研究者的恳请习惯性地视为垃圾邮件。

与传统调查方法相比，在线调查既快捷又经济，这也是在线调查最大的优势。

图6.16　一些提供在线问卷调研和数据分析的软件

6.3.3　文化探析

文化探析是一种极富启发性的设计工具，它能根据目标用户自行记录的材料来了解用户。研究者向用户提供一个包含各种分析证据的包裹，帮助用户记录正常生活中产品和服务的使用体验。

（1）何时使用文化探析法

文化探析方法适用于设计项目概念生成阶段之前，因为此时依然有极大的空间以寻找新的设计可能性。探析工具能帮助设计师潜入难以直接观察的使用环境，并捕捉目标用户真实"可触"的生活场景。这些探析工具犹如太空探测器，从陌生的空间收集材料。由于所收集到的资料无法预料，因此设计师在此过程中能始终充满好奇心。使用文化探析法时，必须具备这样的心态：感受用户自身记录文件带来的惊喜与启发。因为设计师是从用户的文化情境中寻找新的见解，所以该技术被称为文化探析法。运用该方法所得的结果有助于设计团队保持开放的思想，从用户记录信息中找到灵感。

（2）如何使用文化探析法

文化探析研究可以从设计团队内部的创意会议开始，确定对目标用户的研究内容。文化探析包裹中包含多种工具，如日记本、明信片、声音、图像记录设备等任何好玩且能鼓励用户用视觉方式表达他们的故事和使用经历的道具。研究者通常向几名到30名用户提供此工具包。工具包中的说明和提示已经表明了设计师的意图，因此设计师并不需要直接与用户接触。简化的文化探析工具包也常常包含在情境地图方法所使用的感觉研究工具包中。

（3）主要流程

① 在团队内组织一次创意会议，讨论并制定研究目标。

② 设计、制作探析工具。

③ 寻找一个目标用户，测试探析工具并及时调整设计。

④ 将文化探析工具包发送至选定的目标用户手中，并清楚地解释设计的期望。该工具包将直接由用户独立参与完成，其间设计师与用户并无直接接触，因此，所有的作业和材料必须有启发性且能吸引用户独立完成。如果条件允许，提醒参与者及时送回材料或者亲自收集材料。在跟进讨论会议中与设计团队一同研究所得结果，例如，创意启发式工作坊，参考情境地图。

（4）方法的局限性

由于设计师与目标用户在此过程中没有直接接触，因此文化探析法将很难得到对目标用户深层次的理解。观察结果可以作为触发各种新可能的材料，而非验证设计结果的标准。例如，探析结果能反应某人日常梳洗的体验过程，但并不能得出该用户体验的原因，也不能说明其价值与独特性。

文化探析法不适用于寻找某一特定问题的答案。

文化探析法需要整个设计团队保持开放的思想，否则，将难以理解所得材料，有些团队成员也可能对所得结果并不满意。

使用这个方法要注意以下几点。

① 使各个探析工具具备足够的吸引力。

② 探析工具需保持未完成感，如果太过精细完美，用户会不敢使用。

③ 个性化探析工具材料，例如，在封面贴上参与者的照片。

④ 制定好玩且有趣的任务。

⑤ 将设计师的目的解释清楚。

⑥ 提倡用户即兴发挥。

⑦ 使用探析工具前先进行测试，以确保各项表述的准确性。

6.3.4 情绪板

这项技术源自室内设计，基本上，它是一种影像、材质、文字的综合拼贴（图6.17、图6.18）它本身没有固定的形式或标准，主要功能在于为视觉设计走向确立一个风格和个性，相当于控制航行方向的舵，是在进入视觉设计细节之前必须达成的一种共识。

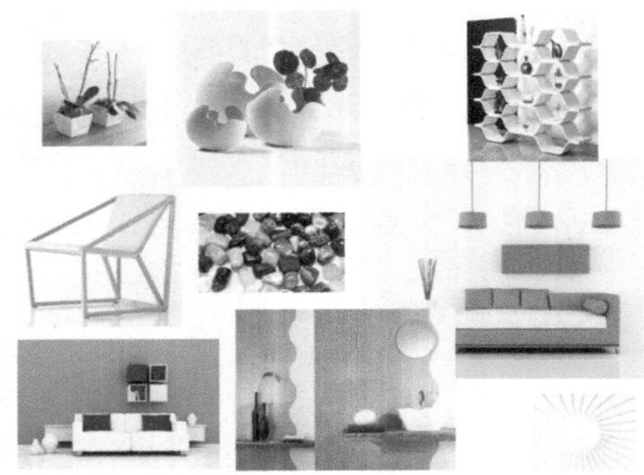

图6.17 照片拼贴是制作情绪板常用的模式

customer service
structured
around-the-clock
protection
quality
communication
determination
global
nurture
partnerships
efficient
responsive

图6.18 关键字拼贴也可以是情绪板的一部分

视觉设计过程里最容易出现的问题，就在于缺乏明确的视觉策略。也就是说，把每一个部分或元件拆开来看也许都没有问题，全部加在一起，却变成毫无章法，凌乱不堪，就像是一群散兵游勇，不但不能为彼此加分，甚至还会产生冲突。情绪板的订立，就是要为整体视觉建立一个系统，让所有的参与设计的人员，无论在造型、色彩、照片或是肌理的选择上，都可以朝相同的方向行进（见图6.19）。一个交互设计案，可能会延续好几个月，情绪板的另外一个好处，就是在冗长的过程里，不断提醒视觉设计团队既定的设计方针。

图6.19　色彩情绪板的设立有助于设计团队在造型、色彩、机理上进行正确选择

除了建立视觉设计体系之外，情绪板的另外一个功能，就是从知性的角度标示出视觉设计所希望诱发的情绪反应，也可以说，是设计策略的一种整体规划。假如设计的是网络银行，所希望诱发的情绪可能是安全、稳健、可靠和便利，那么情绪板上就可以搜集一些相关的文字和影像。此外，有些时候情绪板也可以包含与角色模型和情境剧本相关的照片，提醒团队成员设计成品所需要服务的对象及运用的场域和使用状态。

情绪板的制作并没有固定的形态和模式，无论是实物拼贴或者是在计算机上处理都可以。但一般而言，用大型的拼贴板来做处理比较常见，因为情绪板的制作通常是脑力激荡式的团队合作，因此将相关图片资料铺在桌面上比较适合群体参与。就如同本章节所介绍的其他内容一样，运用情绪板成功的关键，在于了解这项技术的主要目的，并且灵活地将它运用在设计工作流程中适切的位置，真正让它成为一项辅助创造的过程，而不是一种僵化的形式主义。

6.3.5　眼动追踪

参与者在使用产品界面或与产品互动时，运用眼动追踪方法收集详细的技术信息，分析、记录被试者的行为模式和过程。

虽然眼动追踪最早是为了研究人类知觉系统和认知心理学，但是如今这项技术很好地满足了研究人员在人机互动和产品设计方面的需求。对于大多数人而言，眼动追踪技术是一个比较新的技术，实际上，眼动追踪技术从最初概念提出到现在的成熟应用已经历经了一个长久的研究、实验过程。国外有很多公司已经开发出眼动仪产品，国内眼动追踪技术应用领域也已涉及人机交互研究、阅读研究、广告心理学和交通心理学等。在近几年来，眼动追踪技术广泛地应用于网络阅读、网络数据跟踪和记录，甚至已经出现了以眼动追踪为核心的视感游戏。

相对传统意义的研究模式，这种技术所获得的数据在准确率和详尽率上都有了巨大的提高，同时，这些数据如果应用于市场调查也能够得到更加直接、快捷和客观的答案，这能让企业在把握用户心理方面占领先机。

例如，眼动追踪技术能够根据网民的浏览方式和浏览习惯，来帮助网站企业研究、分析网民真实的第一潜意识行为，根据这种行为，企业能够更好地进行分析，理解网民的一些想法、习惯，更好地知道网民在进行网购时，更加关注哪些？这样，网站就能知道自己有没有忽略网民的关注点，从而进行有效改进。

现针对沃尔玛、塔吉特、凯马特这三个网站进行眼动追踪研究。这三个网站实际在风格以及排版上区别不大，甚至可以说极其相似。但是，我们通过分析能发现，网民在沃尔玛浏览商品时多体现的购买意图（可能/非常可能在该网站上购买学校资源）相对于另两个网站在平均值高出三分之一。这个数据差异其实已经非常庞大，庞大到能够影响企业在抢占市场份额中的成功与否。

网民在浏览凯马特商品时，购买意向最低。为什么会出现这种状况呢？实际上原理并不复杂，虽然说三个网站无论风格、排版相似性都非常高，但是仍然有一些细小的差异。或许这些差异我们并不能直观明显地发现，但在潜意识里，这些细小的差异已经影响了网民的购买决策和购买意向。这就需要网站对于网民的消费心理行为进行更详细的探索、更深入的研究。这对于网站页面机构的优化、电子商务模式的升级，以及网民在网站浏览时的上网体验进一步发展有着更加有效的推动作用。

可用于设计心理学研究的方法还有很多，如数理统计、因素分析、模糊数学、信号检测、计算机模拟等，上述几种只是基本的研究方法，它们之间不是互不关联和孤立的。设计心理学的研究方法也在不断发展和完善之中，随着科学技术的进步、社会的发展，设计心理学在研究方法上已经出现了一些新趋势与特点，如研究方法的综合化，研究设计的生态化等。在一项具体研究中，可综合地使用其中两种或几种方法，最重要的是要根据不同的研究目的和不同的研究课题以及研究对象，选择适当的研究方法。

7. 创新设计思维
CHUANG XIN SHE JI SI WEI

7.1 创新思维的概念

创新思维是一种优化组合多种思维方式来取得新成果的综合思维，是思维主体在自身具有的知识、经验和实践基础上，伴随着思维方式的变革提出新的理论、观点和想法的思维过程。相对于日常思维而言，创新思维是一种超出已知的认识范围、具有开创意义的思维活动。它意味着一个人在解决问题过程中，能站在与他人不同的角度去思考，提出与他人不同而且经得起实践检验的新观点、新思路、新方案。

创新思维的本质是多层次的。从功能层面看，创新思维的本质就在于出新，在于创造以往思维中所没有的新成果。这是思维之所以成为创新思维的最根本的依据，是千差万别的创新思维中共同的、本质的规定性；从结构层面看，创新思维的本质就在于主体根据解决问题的需要，通过调整与顺应，使自己的思维突破和超越原有的思维结构；从机制层面看，创新思维的本质就在于逻辑与非逻辑这两个方面的统一。创新思维是收敛性思维和发散性思维的综合运用，是思维在逻辑的制约下向非逻辑的跨越。这是创新思维的最深层次的奥秘，也是创新思维最深刻的本质。所以创新思维的本质是一个系统。其中，实现思维的出新是它的功能性本质；实现对原有思维结构的超越是它的结构性本质，在逻辑与非逻辑统一的基础上实现思维素材的超逻辑组合是它的过程性本质。创新思维，从根本上说，就是这三个层面的本质的统一。

7.2 创新思维的特征

创新思维作为一种思维活动，既有一般思维的共同特点，又有不同于一般思维的独特之处。创新思维的具有以下五个特点。

（1）联想性

联想是将表面看来互不相干的事物联系起来，从而达到创新的界域。联想性思维可以利用已有的经验创新，如我们常说的由此及彼、举一反三、触类旁通，也可以利用别人的发明或创造进行创新。联想是创新者在创新思考时经常使用的方法，也比较容易见到成效。

能否主动地、有效地运用联想，与一个人的联想能力有关，然而在创新思考中若能有意识地运用这种方式则是有效利用联想的重要前提。任何事物之间都存在着一定的联系，这是人们能够采用联想的客观基础，因此联想的最主要方法是积极寻找事物之间的一一对应关系。

（2）求异性

创新思维在创新活动过程中，尤其在初期阶段，求异性特别明显。它要求关注客观事物的不同性与特殊性，关注现象与本质、形式与内容的不一致性。

英国科学家何非认为：“科学研究工作就是设法走到某事物的极端而观察它有无特别现象的工作。”创新也是如此。一般来说，人们对司空见惯的现象和已有的权威结论怀有盲从和迷信的心理，这种心理使人很难有所发现、有所创新。而求异性思维则不拘泥于常规，不轻信权威，以怀疑和批判的态度对待一切事物和现象。

（3）发散性

发散性思维是一种开放性思维，其过程是从某一点出发，任意发散，既无一定方向，也无一定范围。它主张打开大门，张开思维之网，冲破一切禁锢，尽力接受更多的信息。可以海阔天空地想，甚至可以想入非非。人的行动自由可能会受到各种条件的限制，而人的思维活动却有无限广阔的天地，是任何别的外界因素难以限制的。

发散性思维是创新思维的核心。发散性思维能够产生众多的可供选择的方案、办法及建议，能提出一些独出心裁、出乎意料的见解，使一些似乎无法解决的问题迎刃而解。

（4）逆向性

逆向性思维就是有意识从常规思维的反方向去思考问题的思维方法。如果把传统观念、常规经验、权威言论当作金科玉律，常常会阻碍我们创新思维活动的展开。因此，面对新的问题或长期解决不了的问题，不要习惯于沿着前辈或自己长久形成的、固有的思路去思考问题，而应从相反的方向寻找解决问题的办法。

欧几里得几何学建立之后，从公元5世纪开始，就有人试图证明作为欧氏几何学基石之一的第五公理，但始终没有成功，人们对它似乎陷入了绝望。1826年，罗巴切夫斯基运用与过去完全相反的思维方法，公开声明第五公理不可证明，并且采用了与第五公理完全相反的公理。从这个公理和其他公理出发，他终于建立了非欧几何学。非欧几何学的建立解放了人们的思想，扩大了人们的空间观念，使人类对空间的认识产生了一次革命性的飞跃。

（5）综合性

综合性思维是把对事物各个侧面、部分和属性的认识统一为一个整体，从而把握事物的本质和规律的一种思维方法。综合性思维不是把事物各个部分、侧面和属性的认识，随意地、主观地拼凑在一起，也不是机械地相加，而是按它们内在的、必然的、本质的联系把整个事物在思维中再现出来的思维方法。

美国在1969年7月16日，实现了“阿波罗”登月计划，参加这项工程的科学家和工程师达42万多人，参加单位2万多个，历时11年，耗资300多亿美元，共用700多万个零件。美国“阿波罗”登月计划总指挥韦伯曾指出：“阿波罗计划中没有一项新发明的技术，都是现成的技术，关键在于综合。”可见，阿波罗计划是充分运用综合性思维方法进行的最佳创新。

创新是反复进行的思维发散与收敛过程，TRIZ是更有效的创新过程，其与传统创新方法的不同如图7.1所示。

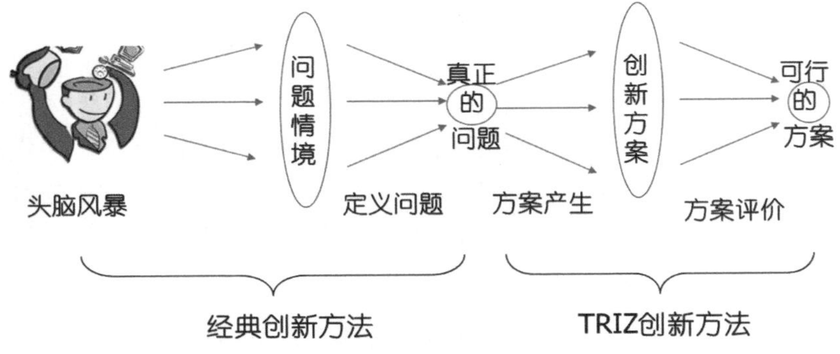

图7.1　经典创新方法与TRIZ创新方法的比较

7.3　创新思维的10个视角

（1）形象思维

形象思维是指以具体的形象或图像为思维内容的思维形态，是人的一种本能思维，人一出生就会无师自通地以形象思维方式考虑问题。

形象思维内在的逻辑机制是形象观念间的类属关系。抽象思维是以一般的属性表现着个别的事物，而形象思维则要通过独具个性的特殊形象来表现事物的本质。因此说，形象观念作为形象思维逻辑起点，其内涵就是蕴含在具体形象中的某类事物的本质。

在企业经营中，高度发达的形象思维，是企业家在激烈而又复杂的市场竞争中取胜不可缺少的重要条件。高层管理者离开了形象信息，离开了形象思维，他所得到信息就可能只是间接的、过时的甚至不确切的，因此也就难以做出正确的决策。

形象思维的常用方法包括：模仿法、想象法、组合法和移植法。

① 模仿法　以某种模仿原型为参照，在此基础之上加以变化产生新事物的方法。很多发明创造都建立在对前人或自然界模仿的基础上，如模仿鸟发明了飞机，模仿鱼发明了潜水艇，模仿蝙蝠发明了雷达等。

② 想象法　在脑中抛开某事物的实际情况，而构成深刻反映该事物本质的简单化、理想化的形象。直接想象是现代科学研究中广泛运用的进行思想实验的主要手段。

③ 组合法　从两种或两种以上事物或产品中抽取合适的要素重新组合，构成新的事物或新的产品的创造技法。常见的组合技法一般有同物组合、异物组合、主体附加组合和重组组合四种。

④ 移植法　将一个领域中的原理、方法、结构、材料、用途等移植到另一个领域中去，从而产生新事物的方法。主要有原理移植、方法移植、功能移植和结构移植等类型。

（2）理论思维

理论一般可理解为原理的体系，是系统化的理性认识。理论思维是指使理性认识系统化的思维形式。这种思维形式在实践中应用很多，如系统工程就是运用系统理论思维来处理一个系统内和各个有关问题的一种管理方法。又如，有人提出“相似论”，也是科学理论思维的范畴，即人见到鸟有翅膀能飞，就根据鸟的翅膀、鸟体几何结构与空气动力和飞行功能等相似原理发明了飞机，有的也称“仿生学”。还有在企业组织生产中，也有很多地方要用到理论思维。因此说，理论思维是一种基本的思维形式。因此，为了把握创新规律，就要认真研究理论思维活动的规律，特别是创新性理论思维的规律。

（3）逆向思维

逆向思维是一种比较特殊的思维方式，它的思维取向总是与常人的思维取向相反，比如人弃我取，人进我退，人动我静，人刚我柔等。这个世界上不存在绝对的逆向思维模式，当一种公认的逆向思维模式被大多数人掌握并应用时，它也就变成了正向思维模式。

逆向思维并不是主张人们在思考时违逆常规，不受限制地胡思乱想，而是训练一种小概率思维模式，即在思维活动中关注小概率可能性的思维。

逆向思维是发现问题、分析问题和解决问题的重要手段，有助于克服思维定势的局限性，是决策思维的重要方式。

常用的逆向思维有怀疑法、对立互补法、悖论法、批判法和反事实法等。

① 怀疑法　有一种敢于怀疑的精神，打破习惯，反过来想一下，这种精神越强烈越好。习惯性做法并不总是对的，对一切事物都报有怀疑之心是逆向思维所需要的。

② 对立互补法　以把握思维对象的对立统一为目标。要求人们在处理问题时既要看到事物之间的差异，也要看到事物之间因差异的存在而带来的互补性。

③ 悖论法　就是对一个概念、一个假设或一种学说，积极主动从正反两方面进行思考，以求找出其中的悖论之处。

④ 批判法　对言论、行为进行分辩、评断、剖析，以见正理。以批判法来进行逆向思维

仍然需要以一般性的思维技能为基础，比如比较、分类、分析、综合、抽象和概括等。

⑤ 反事实法　在心理上对已经发生了的事件进行否定并表征其原本可能出现而实际未出现的结果的心理活动，是人类意识的一个重要特征。这就是反事实思维。主要有加法式、减法式、替代式三种类型。

（4）侧向思维

侧向思维又可从侧向移入思维、侧向转换思维和侧向移出思维三个方面去展开创新。

侧向移入思维是指跳出本专业、本行业的范围，摆脱习惯性思维，侧视其他方向，将注意力引向更广阔的领域或者将其他领域已成熟的、较好的技术方法、原理等直接移植过来加以利用；或者从其他领域事物的特征、属性、机理中得到启发，导致对原来思考问题的创新设想。鲁班由茅草的细齿拉破手指而发明了锯；威尔逊移入大雾中抛石子的现象，设计了探测基本粒子运动的云雾器等。大量的事例说明，从其他领域借鉴或受启发是创新发明的一条捷径。

侧向转换思维是指不按最初设想或常规直接解决问题，而是将问题转换成为它侧面的其他问题，或将解决问题的手段转为侧面的其他手段等。这种思维方式在创新发明中常常被使用。如在“网络热潮”中，兴起了一批网络企业，但真正最终赢利的是设备提供商，如思科等企业。

侧向移出思维则与侧向移入思维相反，侧向移出是指将现有的设想、已取得的发明、已有的感兴趣的技术和本厂产品，从现有的使用领域、使用对象中摆脱出来，将其外推到其他意想不到的领域或对象上。这也是一种立足于跳出本领域，克服线性思维的思考方式。如将工程中的定位理论用在营销中。

总之，不论是利用侧向移入、侧向转换还是侧向移出，关键的窍门是要善于观察，特别是留心那些表面上似乎与思考问题无关的事物与现象。这就需要在注意研究对象的同时，间接注意其他一些偶然看到的或事先预料不到的现象。也许这种偶然并非是偶然，可能是侧向移入、移出或转换的重要对象或线索。

（5）发散思维

发散思维也叫多向思维、辐射思维或扩散思维，是指对某一问题或事物的思考过程中，不拘泥于一点或一条线索，而是从仅有的信息中尽可能向多方向扩展，而不受已经确定的方式、方法、规则和范围等的约束，并且从这种扩散的思考中求得常规的和非常规的多种设想的思维。人的发散性思维能力是可以通过锻炼而提高的，其要点是：首先，遇事要大胆地敞开思路，不要仅仅考虑实际不实际，可行不可行，这正如一个著名的科学家所说：“你考虑的可能性越多，也就越容易找到真正的诀窍。”其次，要努力提高发散思维的质量。其三，坚持思维的独特性是提高多向思维质量的前提，重复自己脑子里传统的或定型的东西是不会发散出独特性思维的。只有在思维时尽可能多地为自己提出一些“假如……”“假设……”“假定……”等，才能从新的角度想自己或他人从未想到过的东西。

（6）灵感思维

灵感思维活动本质上就是一种潜意识与显意识之间相互作用、相互贯通的理性思维认识的整体性创造过程。灵感直觉思维作为高级复杂的创造性思维理性活动形式，它不是一种简单逻辑或非逻辑的单向思维运动，而是逻辑性与非逻辑性相统一的理性思维整体过程。

灵感思维的常用方法有以下十种。

① 久思而至　是指思维主体在长期思考而不就的情况下，暂将设计项目搁置，转而进行与该设计无关的活动。恰好是在这个“不思索”的过程中，无意中找到答案或线索，完成久思未决的项目设计。

② 梦中惊成　梦是以被动的想象和意念表现出来的思维主体对客体现实的特殊反映，是大脑皮层整体抑制状态中，少数神经细胞兴奋进行随机活动而形成的戏剧性结果。并不是所有人的梦都具有创造性的内容。梦中惊成，同样只留给那些“有准备的科学头脑”。

③ 自由遐想　科学上的自由遐想是研究者自觉放弃僵化的、保守的思维习惯，围绕科研主题，依照一定的随机程序对自身内存的大量信息进行自由组合与任意拼接。经过数次乃至数月、数年的意境驰骋和间或的逻辑推理，完成一项或一系列项目设计。

④ 急中生智　利用此种方法的例子，在社会活动中数不胜数。即情急之中做出了一些行为，结果证明，这种行为是正确的。

⑤ 另辟新径　思维主体在项目设计过程中，其内容与兴奋中心都没有发生变化，但寻解定势却由于研究者灵机一动而转移到与原来解题思路相异的方向。

⑥ 原型启示　在触发因素与目标对象的构造或外形几乎完全一致的情况下，已经有充分准备的设计师一旦接触到这些事物，就能产生联想，直接从客观原型推导出新发明的设计构型。

⑦ 触类旁通　人们偶然从其他领域的既有事实中受到启发，进行类比、联想、辩证升华而获得成功。他山之石，可以攻玉。触类旁通往往需要思维主体具有更深刻的洞察能力，能把表面上看起来完全不相干的两件事情沟通起来，进行内在功能或机制上的类比分析。

⑧ 豁然开朗　这种顿悟的诱因来自外界的思想点化，主要是通过语言表达的一些明示或隐喻获得。豁然开朗这种方法中的思想点化，一般来说要有这样几个条件：一是“有求”；二是“存心”；三是“善点”；四是“巧破”。

⑨ 见微知著　从别人不觉得稀奇的平常小事上，敏锐地发现新生事物的苗头，并且深究下去，直到做出一定创建为止。见微知著必须独具慧眼，也就是用眼睛看的同时，配合敏捷的思维。

⑩ 巧遇新迹　由灵感而得到的创新设计成果与预想目标不一致，属意外所得。许多设计师把这种意外所得看作是“天赐良机”，也有的称之为“歪打正着”。

（7）逻辑思维

逻辑思维是指符合某种人为制定的思维规则和思维形式的思维方式，我们所说的逻辑思维主要指遵循传统形式逻辑规则的思维方式。常称它为“抽象思维”或“闭上眼睛的思维”。

逻辑思维是人脑的一种理性活动，思维主体把感性认识阶段获得的对于事物认识的信息材料抽象成概念，运用概念进行判断，并按一定逻辑关系进行推理，从而产生新的认识。逻辑思维具有规范、严密、确定和可重复的特点。

逻辑思维常用的方法有定义法和划分法。

① 定义法　是揭示概念内涵的逻辑方式，是用简洁的词语揭示概念反映的对象特有属性和本质属性。定义的基本方法是“种差”加最邻近的“属”概念。定义的规则：一是定义概念与被定义概念的外延相同；二是定义不能用否定形式；三是定义不能用比喻；四是不能循环定义。

② 划分法　是明确概念全部外延的逻辑方法，是将“属”概念按一定标准分为若干种概念。划分的逻辑规则，一是子项外延之和等于母项的外延；二是一个划分过程只能有一个标准；三是划分出的子项必须全部列出；四是划分必须按属种关系分层逐级进行，不可以越级。

（8）系统思维

系统是一个概念，反映了人们对事物的一种认识论，即系统是由两个或两个以上的元素相结合的有机整体，系统的整体不等于其局部的简单相加。这一概念揭示了客观世界的某种本质属性，有无限丰富的内涵和外延，其内容就是系统论或系统学。系统论作为一种普遍的方法论是迄今为止人类所掌握的最高级思维模式。

系统思维是指以系统论为思维基本模式的思维形态，它不同于创造思维或形象思维等本能思维形态。系统思维能极大地简化人们对事物的认知，给我们带来整体观。

系统思维的常用方法有整体法、结构法、要素法和功能法。

① 整体法　是在分析和处理问题的过程中，始终从整体来考虑，把整体放在第一位，而不是让任何部分的东西凌驾于整体之上。整体法要求把思考问题的方向对准全局和整体，从

全局和整体出发。如果在应该运用整体思维而不用整体思维法的时候，那么不论在宏观或是微观方面，都会受到损害。

② 结构法　进行系统思维时，注意系统内部结构的合理性。系统由各部分组成，部分与部分之间组合是否合理，对系统有很大影响。这就是系统中的结构问题。好的结构，是指组成系统的各部分间组织合理，是有机的联系。

③ 要素法　每一个系统都由各种各样的因素构成，其中相对具有重要意义的因素称之为构成要素。要使整个系统正常运转并发挥最好的作用或处于最佳状态，必须对各要素考察周全和充分，充分发挥各要素的作用。

④ 功能法　是指为了使一个系统呈现出最佳态势，从大局出发来调整或是改变系统内部各部分的功能与作用。在此过程中，可能是使所有部分都向更好的方面改变，从而使系统状态更佳，也可能为了求得系统的全局利益，以降低系统某部分的功能为代价。

（9）辩证思维

辩证思维是指以变化发展视角认识事物的思维方式，通常被认为是与逻辑思维相对立的一种思维方式。在逻辑思维中，事物一般是“非此即彼”“非真即假”，而在辩证思维中，事物可以在同一时间里“亦此亦彼”“亦真亦假”而无碍思维活动的正常进行。

辩证思维模式要求观察问题和分析问题时，以动态发展的眼光来看问题。

辩证思维是唯物辩证法在思维中的运用，唯物辩证法的范畴、观点、规律完全适用于辩证思维。辩证思维是客观辩证法在思维中的反映，联系、发展的观点也是辩证思维的基本观点。对立统一规律、质量互变规律和否定之否定规律是唯物辩证法的基本规律，也是辩证思维的基本规律，即对立统一思维法、质量互变思维法和否定之否定思维法。

① 用联系的观点进行辩证思考　就是运用普遍联系的观点来考察思维对象的一种观点方法，是从空间上来考察思维对象的横向联系的一种观点。

② 用发展的观点进行辩证思考　就是运用辩证思维的发展观来考察思维对象的一种观点方法，是从时间上来考察思维对象的过去、现在和将来的纵向发展过程的一种观点方式。

③ 用全面的观点进行辩证思考　就是运用全面的观点去考察思维对象的一种观点方法，即从时空整体上全面地考察思维对象的横向联系和纵向发展过程。换言之，就是对思维对象作多方面、多角度、多侧面、多方位的考察的一种观点方法。

（10）联想思维

联想思维是指由某一事物联想到另一种事物而产生认识的心理过程，即由所感知或所思的事物、概念或现象的刺激而想到其他的与之有关的事物、概念或现象的思维过程。联想是每一个正常人都具有的思维本能。由于有些事物、概念或现象往往在时空中伴随出现，或在某些方面表现出某种对应关系，这些联想由于反复出现，就会被人脑以一种特定的记忆模式接受，并以特定的记忆表象结构储存在大脑中，一旦以后再遇到其中的一个时，人的头脑会自动地搜寻过去已确定的联系，从而马上联想到不在现场的或眼前没有发生的另外一些事物、概念或现象。联想的主要素材和触媒是表象或形象。表象是对事物感知后留下的印象，即感知后的事物不在面前而在头脑中再现出来的形象。表象有个别表象、概括表象与想象表象之分，联想主要涉及前两种，想象才涉及最后一种。按亚里士多德的三个联想定律——“接近律”“相似律”与“矛盾律”，可以把联想分为相近、相似和相反的三种类型，其他类型的联想都是这三类的组合或具体展开。

① 相近联想　是指由一个事物或现象的刺激想到与它在时间相伴或空间相接近的事物或现象的联想。

② 相似联想　是指由一个事物或现象的刺激想到与它在外形、颜色、声音、结构、功能和原理等方面有相似之处的其他事物与现象的联想。世界上纷繁复杂的事物之间是存在联系的，这些联系不仅仅是与时间和空间有关的联系，还有很大一部分是属性的联系。相似联想的创新性价值很大。随着社会实践的深入，人们对事物之间的相似性认识越来越多，极大地扩展了科学技术的探索领域，解决了大量过去无法解决的复杂问题。利用相似联想，首先要在头脑中储存大量事物的“相似块”，然后在相似事物之间进行启发、模仿和借鉴。由于相似关系可以把两个表面上看相差很远的事物联系在一起，普通人一般不容易想到，所以相似联想易于导致创新性较高的设想。

③ 相反联想　是指由一个事物、现象的刺激而想到与它在时间、空间或各种属性相反的事物与现象的联想。如由黑暗想到光明，由放大想到缩小等。相反联想与相近、相似联想不同，相近联想只想到时空相近面而不易想到时空相反的一面；相似联想往往只想到事物相同的一面，而不易想到相对立的一面，所以相反联想弥补了前两者的缺陷，使人的联想更加丰富。同时，又由于人们往往习惯于看到正面而忽视反面，因而相反的联想又使人的联想更加多彩，更加富于创新性。

7.4　8个经典的创新思维方法

创新思维最大的敌人是思维惯性。世界观、生活环境和知识背景都会影响到人们对事对物的态度和思维方式，不过最重要的影响因素是过去的经验。生活中有很多经验，它们会时刻影响人们的思维。

积极思维是创新的前提，历史上所有重大发明创造无一不是积极思维的产物。积极思维需要科学的方法才能提高创新的质量和效率。古往今来，人们在创新实践中发明了许多积极思维的方法，尤其是20世纪以来，出现了“头脑风暴法”“焦点团体法”“六顶思考帽法”“检核表法”等很多积极思维方法，并由此产生了一大批创新成果。这些方法都能和TRIZ理论很好地融合，同时也为学习TRIZ理论提供很好的借鉴。下面对一些常见的思维方法做简要介绍。

7.4.1 头脑风暴法

头脑风暴是一种激发参与者产生大量创意的特别方法。在头脑风暴过程中参与者必须遵守活动规则与程序。它是众多创造性思考方法中的一种，该方法的假设前提为：数量成就质量。

（1）何时使用此方法

头脑风暴可用于设计过程中的每个阶段，在确立了设计问题和设计要求之后的概念创意阶段最为适用。头脑风暴执行过程中有一个至关重要的原则，即不要过早否定任何创意。因此，在进行头脑风暴时，参与者可以暂时忽略设计要求的限制。当然，也可针对某一个特定的设计要求进行一次头脑风暴，例如，可以针对“如何使我们的产品更节能”进行一次头脑风暴。

（2）如何使用此方法

一次头脑风暴一般由一组成员参与，参与人数4 ~ 15人为宜。在头脑风暴过程中，必须严格遵循以下四个原则。

① 延迟评判　在进行头脑风暴时，每个成员都尽量不考虑实用性、重要性、可行性等诸如此类的因素，尽量不要对不同的想法提出异议或批评。该原则可以确保最后能产出大量不可预计的新创意。同时，也能确保每位参与者不会觉得自己受到侵犯或者觉得他们的建议受到了过度的束缚。

② 鼓励“随心所欲”　可以提出任何能想到的想法——“内容越广越好”。必须营造一个让参与者感到舒心与安全的氛围。

③“1+1=3”　鼓励参与者对他人提出的想法进行补充与改进。尽力以其他参与者的想法为基础，提出更好的想法。

④ 追求数量　头脑风暴的基本前提假设就是“数量成就质量”。在头脑风暴中，由于参与者以极快的节奏抛出大量的想法，参与者很少有机会挑剔他人的想法。

（3）头脑风暴法的主要流程

① 定义问题　拟写一份问题说明，例如，所有问句以“如何”开头。挑选参与人员，并为整个活动过程制作计划流程，其中必须包含时间轴和需要用到的方法。提前召集参与人员进行一次会议，解释方法和规则。如果有必要，可能需要重新定义问题，并提前为参与者举

行热身活动。在头脑风暴正式开始时，先在白板上写下问题说明以及上述四项原则。主持人提出一个启发性的问题，并将参与者的反馈写在白板上。

② 从问题出发，发散思维　一旦生成了许多创意，就需要所有参与者一同选出最具前景或最有意思的想法并进行归类。一般来说，这个选择过程需要借助一些“设计标准”。

③ 将所有创意列在一个清单中，对得出的创意进行评估并归类。

④ 聚合思维　选择最令人满意的创意或创意组合，带入下一个设计环节，此时可以运用CBox方法。以上这些步骤可以通过三个不同的媒介来完成，即讨论式头脑风暴、书面式头脑风暴和绘图式头脑风暴。

使用此方法，需注意以下两点：一是头脑风暴最适宜解决那些相对简单且“开放”的设计问题，对于一些复杂的问题，可以针对每个细分问题进行头脑风暴，但这样做无法完整地看待问题；二是头脑风暴不适宜解决那些对专业性知识要求极强的问题。

7.4.2　列举法

（1）缺点列举法

缺点列举法就是发现已有事物的缺点，将其一一列举出来，通过分析选择，确定发明课题，制订革新方案，从而获得发明成果的创新技法。它是改进原有事物的一种发明创新方法。

运用缺点列举法的关键是寻找出生活中感到不便或有缺点的事物，即发现了需要，然后通过对其他事物的联想、借鉴、启发，最后找出解决的办法来。尽管世上万事万物都不是十全十美的，都存在着缺点，然而并非每一个人都能想到、看到或发现这些缺点。其中主要原因是人都有一种心理惰性，“备周则意惰，常见则不疑”，对于习以为常看惯的东西，常常会认为历来如此。而历来如此的东西总是完美的、没有缺点的，所以就不肯也不愿意再去寻找或挖掘它们的缺点，这样也就失去了对每个人来说可能取得发明成果的机会，实际上也就失去了每个人都应该具有的创造力。

缺点列举的实质是一种否定思维，唯有对事物持否定态度，才能充分挖掘事物的缺陷，然后加以改进。因此，运用缺点列举，必须克服和排除由习惯性思维所带来的创造障碍，培养善于对周围事物寻找缺点、追求完美的创新意识。

（2）希望点列举法

希望点列举法是和缺点列举法相对应的创造技法，罗列的是事物目前尚不具备的理想化特征，是研究者追求的目标。希望点列举法不必拘泥于原有事物的基础，甚至可以在一无所有的前提下从头开始。从这个意义上说，希望点列举法是一种主动型创造技法，更需要想象力。

从实际操作的角度来看，希望点列举法既适用于对现有事物的提高（在这种情况下即为缺点列举法的延伸与发展），又适用于在无现成样板的前提下设计新产品，创建新方法等，而且以后一种情况更为有效。

例如，人们希望烧饭能自动控制，结果就有人发明了电饭锅；人们希望能随意控制电视节目，结果就有人发明了遥控电视机。这种技法是根据发明者的意愿而提出的各种设想。

7.4.3 检核表法

检核表法是现代创造学的奠基人奥斯本创立的又一种创造技法。

检核表法的基本内容是围绕一定的主题，将有可能涉及的方面罗列出来，设计成表格形式，逐项检查核对，并从中选择重点，深入开发创造性思维。用以罗列有关问题供检查核对用的表格即为检核表。在研究对象比较简单、需要检核的内容不甚复杂时，也可列成检核清单形式。在日常生活中人们较多地使用这一类检核清单。

奥斯本提出的检核表因思路比较清晰，内容比较齐全，在产品开发方面适用性很强，故得到广泛应用，并被誉为“创造技法之母”。

列表检核是检核表法的主要内容。奥斯本设计的检核表罗列了以下9方面的问题。

① 能否改变　现有事物（产品等）的形状、色彩、声音、气味、味道等性质能否加以改变？这是从人的眼、耳、鼻、舌、身5种感官入手，探索新的途径。

② 能否转移　现有事物的原理、方法、功能能否转移或移植到别的领域中去应用？国外曾按照这一思路，根据电吹风的原理，开发出旅馆业使用的被褥烘干机。

③ 能否引入　现有事物中能否引入其他新的设想？这一思路有助于形成系列成果。例如火柴引入新设想后，开发出一系列新产品，包括防风火柴、长效火柴、磁性火柴、保险火柴等。

④ 能否改造　现有事物能否稍加改造以提高其使用价值？使用价值的提高包括增加功能、延长寿命、降低成本等方面。这一思路尤其适用老产品改造更新，可与缺点列举法结合使用。

⑤ 能否缩小（扩大）　现有事物能否缩小（扩大）体积、减轻（增加）重量或分割为若干部分？但前提必须是保持原有功能。

⑥ 能否替代　现有事物能否用其他材料作为代用品来制造？这样做的结果不仅能节约成本，而且往往能简化工艺，简便操作。

⑦ 能否更换　现有事物的程序能否更改变化？这个问题主要用于打破习惯性思维造成的恶性循环。

⑧ 能否颠倒　现有事物的原理、功能、工艺能否颠倒过来？这个问题主要用来引导逆向思维。这方面的典型成果是人类根据电对磁的效应发明了电动机，反之，又根据磁对电的效应发明了发电机。

⑨ 能否组合　现有的若干种事物或事物的若干部分能否组合起来，使之成为功能更大的新成果？这一思路追求的是整体化效应和综合效果。

综合以上方法，以杯子创新设计为例，进一步说明检核表法的应用，如表7.1所示。

表7.1　检核表法改进杯子设计

序号	检核问题	创新思路	创新产品
1	能否更换	用于保健	磁化杯、消毒杯、含微量元素的杯子
2	能否引入	借助电子技术	智能杯——会说话、会做简单提示
3	能否改变	颜色变化，形状变化	变色杯——随温度而能变色 仿形杯——按个人爱好特制
4	能否扩大	加厚、加大	双层杯——可放两种饮料 安全杯——底部加厚不易倒
5	能否缩小	微型化、方便化	迷你观赏杯，可折叠便携杯
6	能否替代	材料替代	以钢、铜、石、竹、木、玉、纸、布、骨等材料制作
7	能否改造	调整其尺寸比例工艺流程	新潮另类杯
8	能否颠倒	倒置不漏水	旅行杯——随身携带不易漏水
9	能否组合	将容量器具、炊具、保鲜等功能组合之	多功能杯

7.4.4　试错法

试错法是设计人员根据已有的产品或以往的设计经验提出新产品的工作原理，通过持续的修改和完善，然后做样件。如果样件不能满足要求，则返回到方案设计重新开始，直到证明样件设计满足要求，才可转入小批量生产和批量生产的方法。如图7.2所示，设计人员根据经验或已有的产品沿一个方向寻找解，如果扑空，就调整方向，再沿着另一方向寻找，如果还找不到，再变换方向，如此一直调整方向，直到第N个方向碰到一个满意的“解”为止。这是最原始的求新方法，也是历史上技术创新的第一种方法。

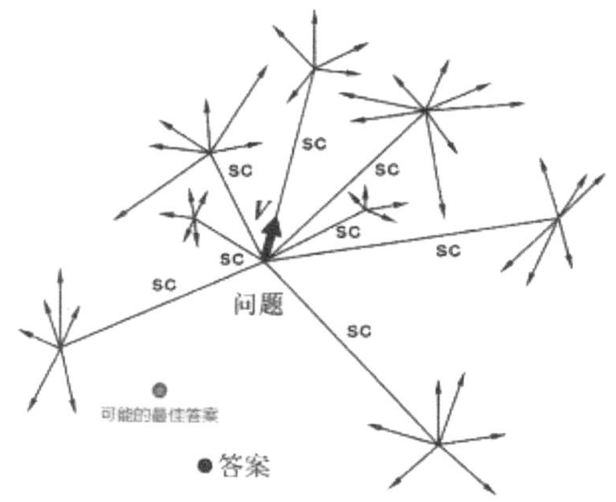

图7.2　试错法示意图

由于设计人员不知道满意的“解”所在的位置，在找到该“解”或较满意的“解”之前，往往要扑空多次、试错多次。试错的次数取决于设计者的知识水平和经验。所谓创新是少数天才的工作，正是试错法的经验之谈。

对于发明创造而言，多少年来人们采用的是“试错法”，只有少数聪明人经过艰苦不懈的努力取得成功，这种成功没什么规律可言，也无法传授。

7.4.5　5W2H法

5W2H法是由第二次世界大战中美国陆军兵器修理部首创的。发明者用5个以W开头的英语单词和2个以H开头的英语单词进行设问，发现解决问题的线索，寻找发明思路，进行设计构思，这就叫做5W2H法。这种方法简单、方便，易于理解、使用，富有启发意义，广泛用于企业管理和技术活动，对于决策和执行性的活动措施也非常有帮助，也有助于弥补考虑问题的疏漏。

5W2H法的应用程序如下。

（1）第一步——检查原产品的合理性

① 为什么(Why)　为什么采用这个技术参数？为什么不能有响声？为什么停用？为什么变成红色？为什么要做成这个形状？为什么采用机器代替人力？为什么产品的制造要经过这么多环节？为什么非做不可？

② 做什么(What)　条件是什么？哪一部分工作要做？目的是什么？重点是什么？与什么有关系？功能是什么？规范是什么？工作对象是什么？

③ 谁(Who)　谁来办最方便？谁会生产？谁可以办？谁是顾客？谁被忽略了？谁是决策人？谁会受益？

④ 何时(When)　何时要完成？何时安装？何时销售？何时是最佳营业时间？何时工作人员容易疲劳？何时产量最高？何时完成最为适宜？需要几天才算合理？

⑤ 何地(Where)　何地最适宜某物生长？何处生产最经济？从何处买？还有什么地方可以作为销售点？安装在什么地方最合适？何地有资源？

⑥ 怎样(How)　怎样做省力？怎样做最快？怎样做效率最高？怎样改进？怎样得到？怎样避免失败？怎样求发展？怎样增加销路？怎样提高效率？怎样才能使产品更加美观大方？怎样使产品用起来方便？

⑦ 多少(How much)　功能指标达到多少？销售多少？成本多少？输出功率多少？效率多高？尺寸多少？重量多少？

（2）第二步——找出主要优缺点

如果现行的做法或产品经过7个问题的审视已无懈可击，便可认为这一做法或产品可取。如果7个问题中有一个答复不能令人满意，则表示这方面有改进余地。如果哪方面的答复有独创的优点，则可以扩大产品在这方面的效用。

（3）第三步——决定设计新产品

克服原产品的缺点，扩大原产品独特优点的效用。

7.4.6　焦点团体法

所谓的焦点团体，就是将一群符合目标客户群条件的人聚集起来，通过谈话和讨论的方式，来了解他们的心声或看法。这种方式的好处，在于有效率，并且也很适合用来测试目标客户群对于产品新形状或视觉设计的直接反应。通常情况团体讨论的方向和结论，很容易会被少数几个勇于表现、善于雄辩的人所主导，因此所得结果只适合参考，并不适合将所得之建议和结论直接拿来作为修正设计的依据。

一般来说，焦点团体以共识所选择出来的设计方针，通常代表的是一种妥协，所以并不是有特色、有效的设计方针。以群体意见来主导设计的方式，在美国被称之为是Design by Committee（委员会设计），意指太多人参与决策而最终达成一个平庸的设计决策。有名的谚语如此形容："骆驼是一群人设计出来的马。"（A camel is a horse designed by a committee.）也就是说，原本很好的创意和想法，经过一群人讨论和妥协，最后产生的东西往往变成平凡无奇，甚至变成什么都不是的四不像，因此妥协的结果只会降低产品成功的机会。

7.4.7 六顶思考帽法

六顶思考帽法是爱德华•德•波诺博士众多发明中最受企业家瞩目的一种思维模式，并成为流行于西方企业界的最有效的思维训练。它提供了“平行思维”的工具，从而避免将时间浪费在互相争执上。它的主要功能在于为人们建立一个思考框架，在这个框架下按照特定的程序进行思考，从而极大地提高企业与个人的效能，降低会议成本，提高创造力，解决深层次的沟通问题。它为许多国家、企业与个人提供了强有力的管理工具。在实际运用中，它发挥了巨大的威力。

六顶思考帽法的主要内容是用白、红、黑、黄、绿、蓝6种颜色的帽子来代表不同的思考方向，如图7.3所示。

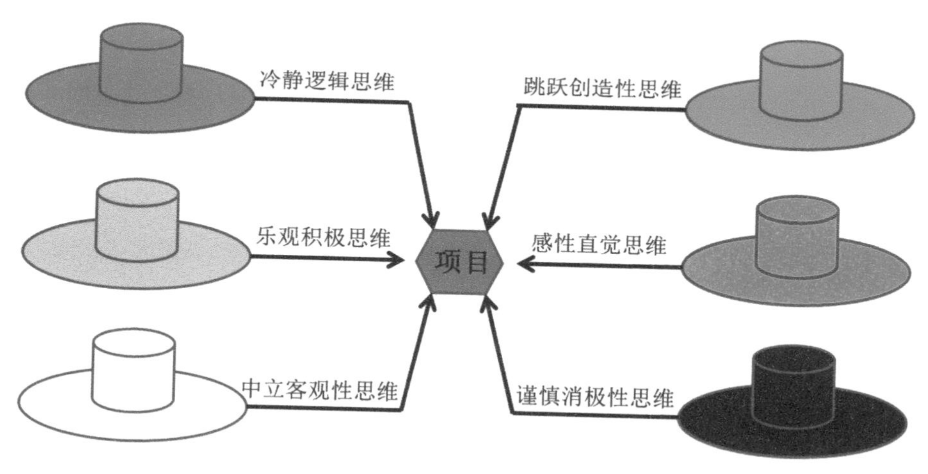

图7.3　水平思维——六顶思考帽思维

（1）白帽思维

白帽简称数据帽，是天然的，代表事实与信息。白色显得中立和客观，而白帽思维指的是客观的事实。白帽专注的是像一台计算机般的数据与信息。我们经常会戴着白帽问一些比较专注性的问题来取得需要和足够的信息，例如，我们拥有哪些信息？我们缺乏什么信息？我们希望得到什么信息？我们又该如何获得这些信息？白帽思维的原则是我们不可以对任何的思维做出分析或加上自己的主见。在使用白帽思维时，我们的态度必须永远地保持中立。当我们提到资讯时，人们必须了解到信息可以分为两大等级：头等信息和次等信息。头等信息是指已经被证实的信息；次等信息是指还未完全被证实正确度的信息。白帽思维者经常会比较有纪律，他们经常会有目标及方向。白帽者是不会根据自己的预感、直觉、感情、印象和意见来处理事情的。这种思维者不相信由经验而来的答案。

（2）红帽思维

红帽简称情感帽，是愤怒的，代表直觉与预感。红色拥有的是愤怒和狂暴的情感特征。红帽思维代表情绪上的感觉、直觉和预感。当人们在处事时戴上红帽，便可以很“感觉”地来思考。可以说：我不喜欢这个产品；我的直觉告诉我这计划是行不通的；我对这服务感觉很好；我觉得这服务方案行得通。根据六顶思考帽的思考模式，红帽思维的最重要原则是一切的想法及思维是不需要被证明或解释的。但是人们需要避免过度地使用红帽，否则一切的结论将会很“感觉”化。红帽允许人们将感觉与直觉放进思考的过程，因为红帽承认情感是思维的一部分。人们在整个过程中是不需要道歉、解释及不必想办法掩饰自己的行为及感受的。红帽包括两大种感觉：第一是基本的感觉，指的是常见的喜怒哀乐；第二种感觉指的是预感、直觉、意识等比较另类的感觉。就因为如此，戴着红帽，人们经常可以问自己到底拥有什么感受，我的感觉告诉我什么，我的直觉反应是什么，我的预感是什么。

（3）黑帽思维

黑帽简称谨慎帽，是负面的，代表逻辑与批判。黑色代表的是阴沉、抑制、悲观及负面的。黑帽思维考虑的是事物的负面因素，它对事物的负面因素进行逻辑判断和评估。重点是它必须是逻辑的判断，不管它是否公平。在黑帽思维过程中，人们并不是在吵架或抒发不满的感觉。人们其实是没有运用到个人的感觉，因为那是红帽的工作！人们只是想要提醒有关处事时的负面因素。人们戴着黑帽，便可以开始对课题批判，可以问道：它会起作用吗？它会符合我们的经验吗？它拥有什么缺点？这样做会存在什么害处？黑帽思维的原则是它在批判当时更应该提出应对的方式。人们可以用黑帽思维提出质疑来取得对事实和资料的正确度及可以通过黑帽找到事情的漏洞及错误。人们经常可以合理地利用自己的个人经验提出事情的危险和可能发生的问题。在处理新点子时，人们必须将黑帽放在黄帽之后。

（4）黄帽思维

黄帽简称乐观帽，是正面的，代表乐观与积极。黄色代表阳光和快乐，它也是乐观的。黄帽思维正是黑帽的相反，黄帽包含着的是无数个希望与积极正面的思想。它是充满着“如果”的。戴着黄帽，人们可以经常给予很多的正面建议，这是因为黄帽让人们专注在事。黄帽强调的并不是创意而是建设性的提议。这建议的优点是什么？如果人们这样处理肯定会很棒的！黄帽可以帮助人们探求事物的优点，证明为何某个观点行得通。这将会给人们很多的希望和可能性。

（5）绿帽思维

绿帽简称创造力帽，是丰富的，代表创新与冒险。绿色代表草原、植物及生机。绿帽思维则代表创意。绿帽提倡的是新想法、新观念、新构想和新知觉。它特别喜欢改变。绿帽是

“丰富的”和“大量的”，正如人们的创意，绿帽的点子是无所不在的。绿帽的另一个要点是思考时喜爱接受刺激，这里的刺激指的是经常希望不一样的方案，对绿帽者而言，冒险是它的精神。你们有何新的建议？有其他方法做这件事情吗？想一想，如果你在时代广场开间小食店，那你会如何设计它呢？你的桌子、椅子、制服、服务、食物、饮料、灯光将会是如何的设计呢？绿帽者会以提供替代的选择为原则，不断地产生新的思维。

（6）蓝帽思维

蓝帽简称指挥帽，是平静的，代表系统与控制。蓝色是冷静的，也是天空的颜色。蓝帽思维代表思维过程的控制与组织，它甚至可以控制其他思维。蓝帽思维的原则是在讨论的过程中要打断争论，带着和平的意义。蓝帽通常是主持整个会议或者是会议的主席戴的，这是因为他们需要管理及整合。我们现在该谈的是什么？今天会议的流程是怎样的？我们该采用哪顶帽子？我们怎么总结今天的会议？蓝帽好像是个指挥官，在指挥和监督大家的思考方向及结果。

六顶思考帽的关系如图7.4所示。

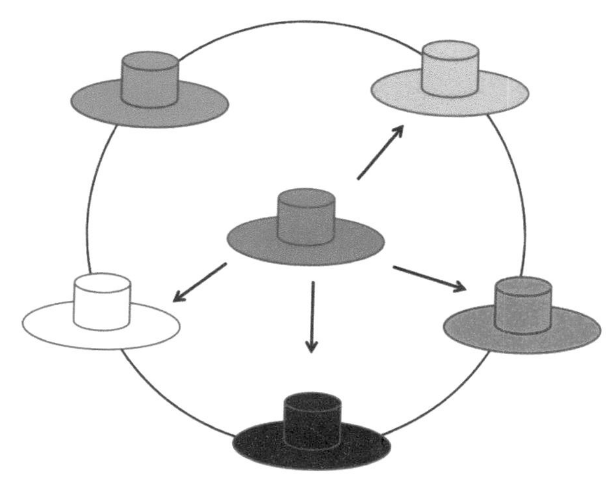

图7.4　六顶思考帽的关系

使用六顶思考帽法时应注意以下几点。

① 六顶帽子代表的是思维的方向而不是对已发生事件的描述，并不是因为每个人说他喜欢什么帽子便用来描述什么。帽子是用来指引思考方向的。

② 帽子不是对人来进行描述和分类的，而是用来代表不同的行为模式。

③ 集体使用帽子时，某一时刻大家都应该戴上同样颜色的帽子来思考，这才是平行思考

的方法。而不是同一时刻有人戴上白帽子，有人戴上红帽子。

④ 六顶帽子可以单独使用，也可以按一定顺序连续使用。连续使用时，任意一顶思考帽可以根据需要经常使用，但没有必要每一顶帽子都使用。

⑤ 蓝色思考帽在开始和结束时都必须使用。

7.4.8　和田十二法

和田十二法（又称和田十二动词法、和田创新十二法、和田创新法则）就是根据12个动词（加、减、扩、缩、变、改、联、学、代、搬、反、定）提供的方向去设问，进而激发创造性思维的方法，它是我国创造学研究者根据在上海和田路小学进行创造力开发工作的实践中总结出来的创造技法，是包括和田路小学师生在内的许多人集体劳动的成果（图7.5）。

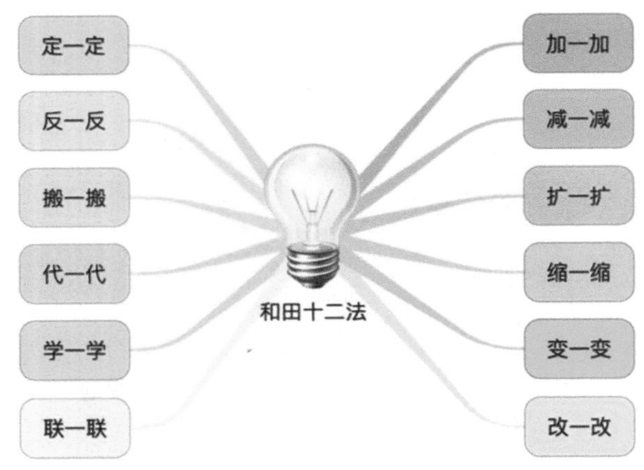

图7.5　和田十二法

（1）加一加

现有事物能否增加什么（比如加大、加高、加厚等）？能否把这一事物与别的事物叠加在一起？例如，橡皮和铅笔加在一起组合成带橡皮头的铅笔；收音机和录音机叠加就形成了收录机。

（2）减一减

现有事物能否减去些什么（如尺寸、厚度、重量等）?能否省略或取消什么？根据这一思路，简化体汉字就是繁体汉字减一减的产物。

（3）扩一扩

现有事物能否放大或扩展？幻灯、电影、投影电视等就是扩一扩的成果。烈日下，母亲抱着孩子还要打伞，实在不方便，能不能特制一种母亲专用的长舌太阳帽，使得帽的长舌能够扩大到足够为母子二人遮阳使用呢？于是有人就发明了长舌太阳帽，很受母亲们的欢迎。

（4）缩一缩

现有事物能不能缩小或压缩？袖珍词典、压缩饼干等就是缩一缩的成果。

（5）变一变

现有事物能不能改变其固有属性（如形状、颜色、声音、味道或次序）?彩色电影、电视正是黑白电影、电视变一变的产物。食品、文具等方面的不少系列产品也是根据变一变的思路开发出来的。

（6）改一改

现有事物是否存在不足之处需要改进？这里的改进是对原有事物的不足之处而言的，因此可以结合缺点列举法考虑。和田路小学的一个学生曾根据这一思路发明了多用触电插头，并在国际青少年发明竞赛中获奖。

（7）联一联

现有事物和其他事物之间是否存在联系，能否利用这种联系进行发明创造？干湿球温度表就是根据空气温度和湿度之间的联系开发出来的新产品。

（8）学一学

能否学习、模仿现有的好设计进而进行新的发明创造？传说鲁班从茅草的锯齿形叶片把手掌拉破得到启发，进而模仿草叶边缘的形态发明了新的工具——锯，这就是学一学的典型事例。

（9）代一代

现有事物或其一部分能否用其他事物来替代？替代的结果必须保证不改变事物的原有功能。这一思路在材料工业领域有广泛的应用价值，许多合金、工业塑料、新型陶瓷材料等都是这一思路的成果。

（10）搬一搬

现有事物能否搬到别的条件下去应用？或者能否把现有事物的原理、技术、方法等搬到别的场合去应用？用嘴吹气会发声的哨子搬到水壶口上，就产生了能自动报告水烧开了的新产品；搬到鸽子身上便转换为鸽哨，不仅能指示鸽子的行踪而且能提供悠扬的乐声。

（11）反一反

现有事物的原理、方法、结构、用途等能否颠倒过来？这是要求逆向思维的思路。吸尘器的发明就是成功的一例。起初是想发明一种利用气流吹尘的清洁工具，试用时发现这会导致尘土飞扬，效果很差，结果反其道而行之，发明了吸尘器。

（12）定一定

对现有事物的数量或程度变化，是否能做一些规定？这是一种定量化的思路。定量化是人们对客观事物的认识逐渐精确化的标志，也为创造发明提供了有效的途径。典型成果如尺、秤、天平、温度计、噪声显示器等。

和田十二法实际上给出了发明创造的十二条思路。

7.5 创新思维案例

（1）大胆联想创新——细胞吞噬理论的产生

德巴赫是法国著名的生理学家，他曾致力于研究动物机体同感染作抗争的机制问题，但一直没有成果，这令他伤透了脑筋。一次，他仔细观察海盘车的透明幼虫，并把几根蔷薇刺向一堆幼虫扔去。结果那些幼虫马上把蔷薇刺包围起来，并一个个地加以“吞食”。这个意外的发现使德巴赫联想到自己在挑除扎进手指中的刺尖时的情景：刺尖断留在肌肉里一时取不出来，而过了几天，刺尖却奇迹般地在肌肉里消失了。这种刺尖突然消失的现象，一直是他心中没得到解决的一个谜。现在他领悟到，这是由于当刺扎进了手指时，白细胞就会把它包围起来，然后把它吞噬掉。这样就产生了“细胞的吞噬作用”这一重要理论，它指明在高等动物和人体的内部都存在着细胞吞食现象，当机体发生炎症时，在这种现象的作用下，机体得到了保护。

（2）伴生联想创新——月球仪的诞生

在荷兰的一个小镇上，住着一位名叫阿•布鲁特的退休老人。他和不少退休老人一样，每天都是以看电视来消磨时间。有一天，电视里播放有关月球探险的节目。在电视屏幕上，主持人煞有介事地将月球的地图摊开，并口若悬河地加以讲解。布鲁特老人心想：“看这种月球平面图，效果不好。月球和地球都是圆的，既然有地球仪，同样也可以有月球仪。地球仪有人买，月球仪肯定也会有人买。”于是老人开始倾注全部精力制造月球仪。当第一批月球仪做好以后，老人就在电视和报纸上刊登广告。果然不出他所料，世界各地的订单源源不断地飞来。从此，他每年靠制造月球仪就可赚1400多万英镑。老人运用的就是伴生联想思考法，从地球仪联想到月球仪，创造出了大量的财富。

（3）因果异同联想创新——南极输油冰管

思考的力量是巨大的，它往往能超越现实，解决许多事物所不能解决的问题。美国的一个南极探险队首次准备在南极过冬时，遇到了这样一个难题：队员们打算把船上的汽油输送到基地上，但由于输油管的长度不够，当时又没有备用的管子，无法输送。正当大家一筹莫展的时候，队长帕瑞格突发奇想：南极到处都是冰，能不能用冰来做成冰管子呢？由于南极气温极低，屋外能“点水成冰”，这个联想并非是不切实际的空想。可以用冰做管子，但怎样才能使冰成为管状又不至于破裂呢？帕瑞格又想到了医疗上使用的绷带，在出发时带了不少这样的绷带，他们试着把绷带缠在铁管子上，然后在上面浇水，让水结成冰后，再拨出铁管子，这样果然就做成了冰管。他们再把冰管子一截一截地连接起来，需要多长就接多长。就是依靠这些冰制的管子，解决了输油管长度不够的难题。在解决这个难题中运用的就是异同因果思考法。

（4）对比联想创新——“卡介苗”的诞生

20世纪初，法国细菌学家卡默德和介兰，有一天一起来到一个农场。他俩看见地里长着一片低矮的玉米，穗小叶黄，便向农场主问道：“这玉米为什么长得这么差呀？是缺肥料吗？”农场主回答说：“不是。这种玉米引种到这里，已经十几代了，已经有些退化了。”卡默德和介兰听后不约而同地陷入了沉思，他们都马上联想到了自己正在研究的结核杆菌。他们想：这些给人类带来了巨大危害的结核杆菌，如果将它们一代一代地定向培育下去，它们的毒性是不是也会退化呢？如果也会退化的话，将这种退化了的结核杆菌注射到人体内，那不是就能使人体产生免疫力了吗？他们二人花费了整整13年时间，培育了230代结核杆菌，研究终于获得成功。为了纪念这两位功勋卓著的科学家——卡默德和介兰，世人便将他们所培育出来的人工疫苗称为“卡介苗”。

卡默德和介兰听说地里的玉米长得差是由于玉米种子的退化，便联想到了自己正研究的结核杆菌，这是因为这两位科学家知道，玉米与结核杆菌虽然属于不同的领域，但却可能存在着一致的物种退化的机理。由玉米种子的特性一代比一代退化，从而推想结核杆菌的毒性也可能一代一代地逐步退化。他们思考这个问题运用了形象思维中思维联想的对比联想创新思维方法。

8. 情感化设计
QING GAN HUA SHE JI

每个人都有自己喜欢的物品，这个物品是他们生活的积累，并凝聚了他们的情感。这是任何一个设计者和制作者都不能随意改变的。生活中的物品对他们来说绝对是私有财产，绝对为他们所拥有。虽然他们可以借助它炫耀自己的财富和地位，但有一点我们不能忽视——它是人们的情感生活积累。一个令人喜欢的物品可以是并不昂贵的小装饰品、自己亲手制作的陶艺品。人们所喜欢的物品是一种象征，一种生活的记忆，它建立的是一种积极的精神框架，它是往事快乐的记忆，或对自我历史的展示。而且这些物品常含有一段故事、一段记忆，或者与我们特定的物品、特定的事情联系在一起，经常能激发我们对美好生活的追求，这就是情感赋予物品的更高意义。

我们目前所做的一切活动既包括认知又包含情感成分。认知评价意义，情感评价价值。我们不能逃离情感，它总是在那里。更重要的是，无论是正面的还是负面的情感状态都可以改变我们的思维方式。

当我们处于负面的情感状态时，会感到焦虑或危险，神经递质聚焦于脑的加工。聚焦是指把注意力集中在一个主题上而不分心，并逐步对问题进行深入探索直至问题解决的能力。聚焦还含有把注意力集中于细节的意思。这对逃生很重要，逃生时主要就是负面情感在起作用。无论什么时候探测到可能有危险的物品，无论是通过本能水平的加工还是反思水平的加工，情感系统都会使肌肉紧张起来准备行动，并警告行为水平和反思水平停止其他活动，而把注意力集中在当前问题上。神经递质促使大脑聚焦于当前问题，并避免注意力分散。这正是处理危险所应做的事情。

当我们处于正面情感状态时，会发生和以上情况正好相反的事情。这时，神经递质使脑加工的范围拓宽，使肌肉放松，大脑专心于正面情感所提供的机会上。拓宽的意思是我们这时很少聚焦于某事，更容易接纳干扰而去注意新的思想或事件。正面情感唤起好奇心，激发创造力，使大脑成为一个有效的学习机体。伴随正面的情感，我们更容易看到森林而不是大树，更喜欢注意整体而不是局部。

特别的物品尤其是那些可以引发回忆的物品，总是能唤起人们对往事的回忆。人在回忆时很少集中于物品的本身，重要的是与其相关的故事。如某一件东西具有重要的个人相关性，那么它就能给人带来快乐舒适的心境，那么我们就会依恋它们。因此，我们所依恋的其实不是物品本身，而是与物品的关系及物品代表的意义和情感。

20世纪70年代的魔方、万花筒、传统积木；80年代的毛绒玩具、小洋娃娃、铁皮玩具；90年代的变形金刚、忍者神龟；21世纪初的动漫人物、平板电脑……中国玩具流行趋势的变迁总是体现出一份鲜活的民间记忆。而今，随着怀旧风起，儿时只售两块钱的铁皮青蛙，如今竟与明清瓷器享受同等“待遇”，被当作“古玩”端放在陈列架上。

铁皮玩具作为一个时代烙印，在风靡一时后，因受到毛绒玩具与塑料玩具冲击、工艺复杂，如今其产品与生产厂家正逐步减少，已所剩无几。对铁皮玩具，现在人们所追求的演变为它的怀旧感，所以，怀旧的款式、怀旧的设计是当下最受欢迎的。铁皮机器人系列、铁皮小动物系列、铁皮交通系列……越是当年的设计款，越能受到买家追捧（图8.1）。

图8.1　铁皮系列玩具

铁皮玩具的消费群体基本集中在20世纪70~80年代出生的人群。当年由于物资匮乏，可接触的玩具很少，如今这类人群大多生活条件优越了，便有了寻找童年记忆的愿望。而消费群体中的小部分，属于追求潮流，或者品位独到的年轻人。铁皮玩具虽然没有包含高科技元素，但其纯手工制作，简约的外形和精密的机械装置吸引了年轻消费者的眼球。每一件精巧、美观的铁皮玩具，都折射出设计师的智慧和那个年代特有的时尚气息。如此看来，铁皮玩具的消费也可视为一种情感消费，作为一种童年记忆的珍藏。此外，铁皮玩具本身的价值也使许多投资者将其视为一种收藏品，相信随着时间的推移，铁皮玩具的价值可能会日益增长。

8.1　什么是情感

情感是人对外界事物作用于自身时的一种生理反应，是由需要和期望决定的。当这种需要和期望得到满足时会产生愉快、喜爱的情感，反之，产生苦恼、厌恶。

人类情感分类为很多种，最早期以二分法将情绪分为正向情绪与负向情绪，其中最著名的就是心理学家Robert Plutchik的情感轮盘（图8.2），这个理论主要是情绪表现在不同的强度，甚至情绪与他人情绪之间会互相影响产生不同的情感，建立新的情绪状态。Robert Plutchik的情感心理进化论是最具影响力的普通情感反应分类法之一。他认为有8种最基本的情感元素：愤怒、害怕、悲伤、嫌恶、惊奇、好奇、接纳和欢愉。

这个三维旋转综合模型描述情感概念之间的内在联系，这与色轮上的颜色是相对应的。圆锥体的垂直高度代表强度，圆圈代表的是相似情感之间的不同程度。八个部分被设计来诠释八种情感的维度，这是根据该理论来界定的，被安排成四组对立的概念。在这一爆炸模型中，位于空白部分的情感是基本的dyads（迪亚兹）情绪，即两种基本情感的混合情绪。

Plutchik提出，这些“原”情感是生理上的原始元素，为了提高动物可复制的适应性,这些元素已经不断地演化了。通过表现每一种元素所对应的为追求高生存价值行为的动机，例如由害怕而激发的“战斗或逃跑”反应，Plutchik 探讨了这些情感元素的首要性。

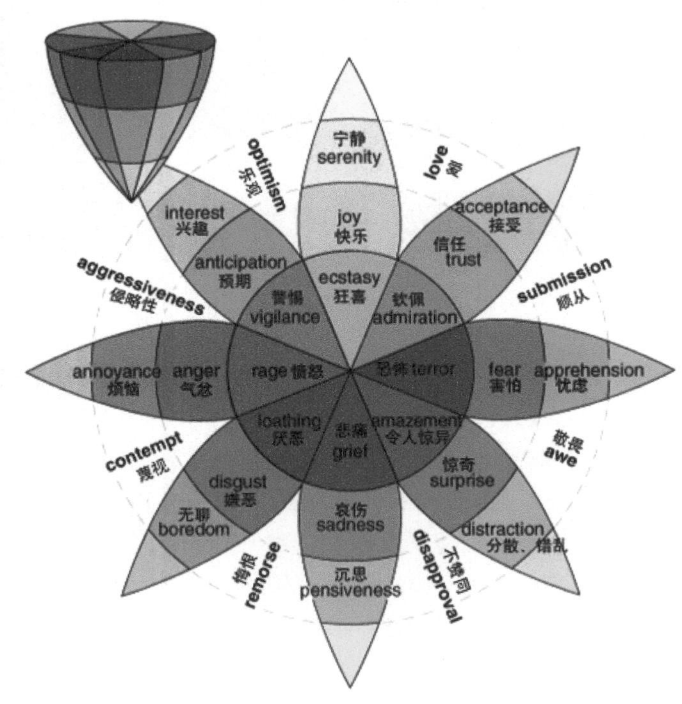

图8.2　心理学家Robert Plutchik的情感轮盘

从心理学角度出发，情感是在人的身体受到外在刺激而产生反应，反过来说就是内在情绪受到外在刺激，产生内在的感受引起在生理与行为上的反应，那为什么要说行为反应，在使用者的行为反应上，可以帮助我们从解读用户在表情或肢体语言上对他人的情感反应。

兔子的行为反应如图8.3所示。

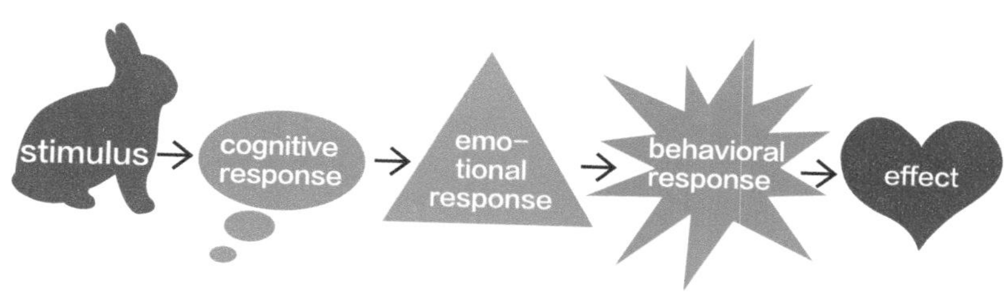

刺激 > 认知回应 > 情感回应 > 行为回应 > 回应结果

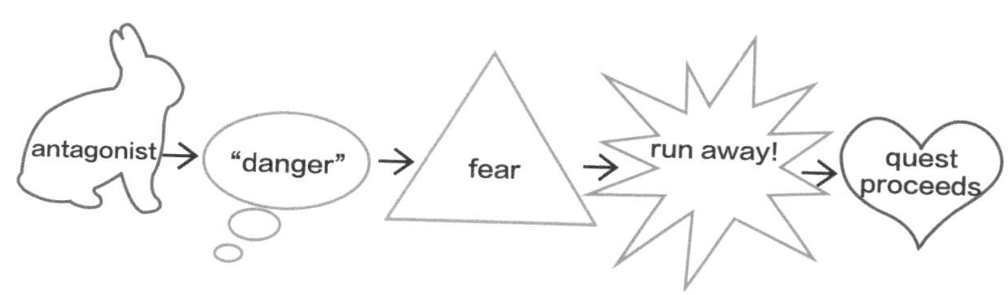

遇见敌人 > 意识到危险 > 感觉到害怕 > 逃走 > 另寻猎物

图8.3　兔子的行为反应

但在数字环境中，我们无法面对面地分析解读一个人的行为线索，但在使用者行为互动的平台上我们可以观察他们在使用中的情绪状态，借由量化数据来分析用户响应过程，分析使用者经验并不是努力如何影响使用者在表面上行为，而是借助量化数据希望更能够符合多数人的情感经验，了解使用者接下来的反应在设计上不再只是预设情感，而是创造观者反应，其借助逆向工程分析，就可以理解出强大的情感触发，并且优化页面薄弱环节，获得更好的使用者体验。在上述的所有情感中，有三种最外层的情感是值得培养的情感。

① 兴趣。好奇是人类的天性。在设计网站的时候你可以利用这一点。诱人的图片、触发字眼和优质内容都可以帮助激发访问者成为客户。

② 接受。当访问者与你的网站进行互动时，访问者需要感觉安全。你可以通过品牌认可、知名的反向链接、可信评论和第三方认证的方式来构建这种安全感。

③ 宁静。快乐的消费意味着回头客。通过提供免费内容、有价值的优质内容、积极的图片和精湛的文案为访问者提供欢乐的访问体验。

网站在策划和设计的时候可以利用这些情绪来建立用户的欲望、忠诚度和业务。通过培养这三种情绪，你能提高转化率，减少跳出率，从而增长用户的关注时间和深度。

8.2 情感化设计

（1）什么是情感化设计

“情感化设计（Emotional Design）”一词由Donald Norman在其同名著作当中提出。而在Designing for Emotion一书中，作者Aarron Walter将情感化设计与马斯洛的人类需求层次理论联系了起来（图8.4）。正如人类的生理、安全、爱与归属、自尊和自我实现这五个层次的需求，产品特质也可以被划分为功能性、可依赖性、可用性和愉悦性这四个从低到高的层面，而情感化设计则处于其中最上层的“愉悦性”层面当中。

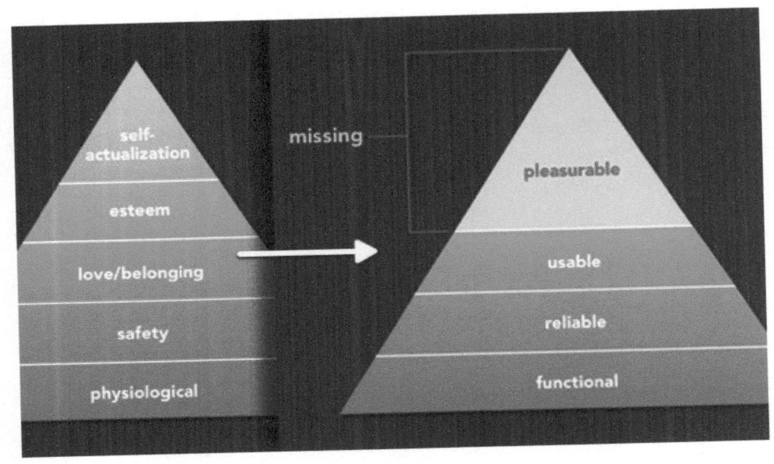

图8.4 Aarron Walter将情感化设计与马斯洛的人类需求层次理论联系在一起

如今电脑、手机、平板电脑等科技产品的普及，为设计与人互动提供了完美的平台，人们可以更加直接地去体验感受设计。

而设计师也已经升级到不能只是沉醉在酷炫的视觉效果上，更多地要去思考怎样通过设计来拉近人们与冰冷设备的距离，从而获得更多的用户群体进行互动，这是一个值得研究的课题。要想了解怎样能使人对产品产生情感互动就要先了解人们的情感。通过对人类情感的认知来考虑设计的产品对用户情感的影响，从而达到理想的效果。

（2）情感化设计的组成要素

情感化设计（图8.5）的目标是在人格层面与用户建立关联，使用户在与产品互动的过程中产生积极正面的情绪。这种情绪会逐步使用户产生愉悦的记忆，从而更加乐于使用你的产品。另外，在正面情绪的作用下，用户会处于相对愉悦与放松的状态，这使得他们对于使用过程中遇到的小困难与细节问题的容忍能力也变得更强。

图8.5 情感化设计

情感化设计大致由以下这些关键性的要素所组成，我们可以从这些关键点出发，在产品中融入更多的正面情感元素。诚然，用户最终会产生的反应还将取决于他们各自的生活背景、知识技能等方面的因素，但是我们所抽象出的这些组成要素是具有普遍适用性的：

① 积极性。

② 惊喜。提供一些用户想不到的东西。

③ 独特性。与其他的同类产品形成差异化。

④ 注意力。提供鼓励、引导与帮助。

⑤ 吸引力。在某些方面有吸引力的人总是受欢迎的，产品也一样。

⑥ 建立预期。向用户透露一些接下来将要发生的事情。

⑦ 专享。向某个群体的用户提供一些额外的东西。

⑧ 响应性。对用户的行为进行积极的响应。

8.3 情感化设计的作用

原研哉在他的《设计中的设计》中介绍过这样一个案例：日本机场原来是用一个圆圈和一个方块表示出入的区别，形式简单并且好用，但设计师佐藤雅彦却用一个更“温暖”的方式来重新设计了出入境的印章：入境章是一架向左的飞机，出境章则是一架向右的飞机（图8.6）。

通过一次次的盖章，将这种“温暖”的情绪传递给每一位进关的旅行者们。在他们的视线与印章相交的那一刻，会将这种温暖转化为小小的惊喜，而不由自主且充满善意地“啊哈”一下。一千一万次的“啊哈”就会伴随着一千一万次对旅行者的善意与好客。这便是产品中的细节与用户直接情感化传递的结果。一兰拉面是在日本非常受欢迎的拉面店，在顾客吃完面并把汤喝完会看下碗底有这样几个字“この一滴が 最高喜びです（你最后一口是对我们最大的肯定）”，他们用这种简单的细节打通了产品与顾客感情的传递，顾客喝完最后一口面汤是对店主的肯定，并也因为对店主的肯定同时获得了店主的感谢。产品中的情感化的细节经常会成为产品与用户之间情感传递的桥梁，这种传递情感的细节不仅可以增加用户对产品的好感度，更可以让产品更加深入人心，利于产品口碑的传播，有时候可能仅仅一句文案、一个动画、一个彩蛋就可以打动用户，使其与产品产生情感上的共鸣，这便是产品细节中的情感化设计的作用。

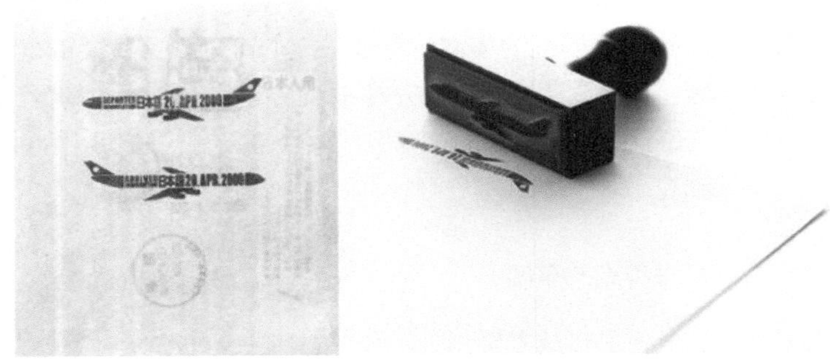

图8.6　佐藤雅彦设计的出入境印章

（1）情感化设计可以加强用户对产品气质的定位

Timehop是一款让你回顾那年今日的App，它可以帮你把去年今日写过的Twitter，Facebook状态和拍过的Instagram照片翻出来，帮你回顾过去的自己。Timehop为自己的产品塑造了一个蓝色小恐龙的吉祥物形象（图8.7）。许多小恐龙贯穿于界面之中，用吉祥物+幽默文案的方式来将品牌形象的性格特点和产品气质传达出来。用户在打开App时就能感受到小恐龙的存在，闪屏中一个小恐龙坐在地上说了句“Let's time travel”，马上就将用户从情感上带入了App的主题——时间之旅。

有趣的地方还有很多，类似图8.8，在默认情况下是露出一半的恐龙在向你招手，小恐龙边上是一句不明意义的文案“My mom buys my underwear（我妈妈给我买了我

图8.7　Timehop的蓝色小恐龙的吉祥物形

的内衣)”，当你继续向上拖动时，会发现一只穿着内裤的恐龙，用户就会马上明白上面这句幽默文案的含义。

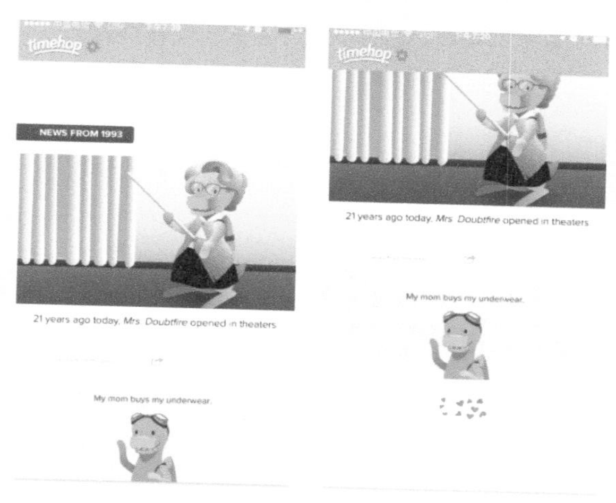

图8.8　Timehop有趣的界面设计(一)

还有图8.9，在设置页面顶部向下拖动时会有一只摇动的小恐龙，在用户顺着它的引导不断下拉，拉到头，会发现这是一个对话的气泡，蓝色的小恐龙说了句“You made it to the top！(你拉到了最顶端！)”，产品“诙谐有趣”的气质便从这些隐藏于界面细节之中的设计传递给了用户。

图8.9　Timehop有趣的界面设计(二)

一个产品能获得用户的青睐不仅要有强烈的需求、优秀的体验，更主要的是让产品与用户之间有情感上的交流，有时对细节的巧妙设计将会极大地加强用户对产品气质的定位，产品不再是一个由代码组成的冷冰冰的应用程序，从而拉近了与用户的情感距离。

（2）情感化设计帮助用户化解负面的情绪

情感化设计的目标是让产品与用户在情感上产生交流从而产生积极的情绪。这种积极的情绪可以加强用户对产品的认同感甚至还可以提高用户对使用产品困难时的容忍能力。注册登录是让用户很头疼的流程，它的出现让用户不能直接使用产品，所以在注册和登录的过程中很容易造成用户的流失。巧妙地运用情感化设计可以缓解用户的负面情绪。

在Betterment的注册流程中，在用户输入完出生日期后会在时间下面显示下次生日的日期，马上就让枯燥的注册流程有了惊喜（图8.10）。

图8.10　一个简短的语句马上就让枯燥的注册流程有了惊喜

在Readme的登录页面上，当你输入密码时，上面萌萌的猫头鹰会遮住自己的眼睛，在输入密码的过程中给用户传递了安全感。让这个阻挡用户直接体验产品的“墙”变得更有关怀感，用“卖萌”的形象来减少用户在登录时的负面情绪（图8.11）。

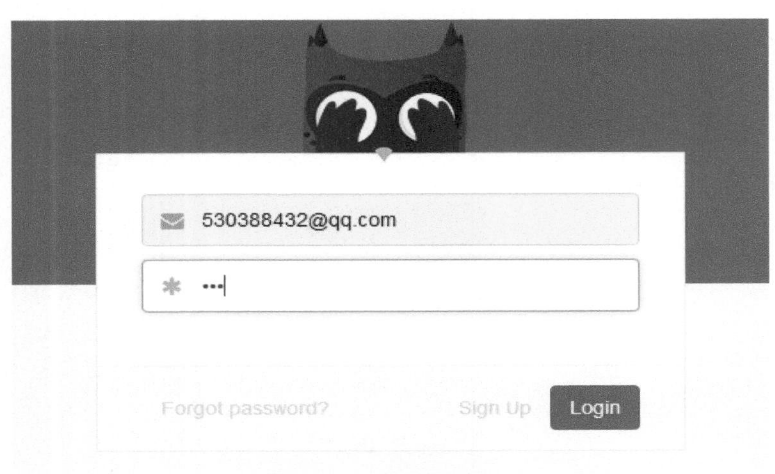

图8.11　Readme的“卖萌”的形象设计

注册和登录对于一个互联网产品来说都是相当繁琐但又不可或缺的部分，这些流程阻碍着用户不能直接使用产品。对用户来说这便是在使用产品时候的“墙”，在这些枯燥的流程中赋予情感化的元素，将大大减少“墙”给用户带来的负面情绪，同时加强用户对产品的认同感，并感受到产品给用户传递的善意与友好。

（3）情感化设计可以帮助产品引导用户的情绪

在产品的一些流程中，使用一些情感化的表现形式能对用户的操作提供鼓励、引导和帮助。用这些情感化设计抓住用户的注意，诱发那些有意识或者无意识的行为。 在Turntable.fm的订阅模式中有一个滑块，你付多少钱决定了猴子欣喜若狂的程度（图8.12）。在涉及真金白银的操作中，给用户卖个萌也许有奇效。

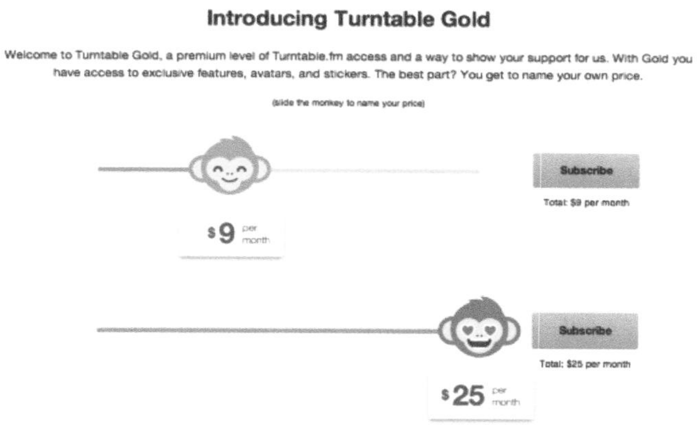

Introducing Turntable Gold

Welcome to Turntable Gold, a premium level of Turntable.fm access and a way to show your support for us. With Gold you have access to exclusive features, avatars, and stickers. The best part? You get to name your own price.

(slide the monkey to name your price)

Subscribe
Total: $9 per month
$9 per month

Subscribe
Total: $25 per month
$25 per month

图8.12 Turntable.fm订阅模式中卖萌的猴子

在Chrome浏览器的Android版中，当你打开了太多的标签卡，标签卡图标上的数字会变成一个笑脸。使用细微的变化友善地对用户的操作进行引导（图8.13）。

图8.13 Chrome浏览器用笑脸友善地对用户的操作进行引导

人类是地球上最具情感的动物，人类的行为也常常受到情感的驱动。在界面上融入情感化元素，引导用户的情绪，使其更有效地引发用户的行为，这种情感化的引导比单纯地使用视觉引导会更有效果。

8.4 基于人的行为层次的情感化设计

唐纳德·A.诺曼认为人类的行为有本能的、行为的和反思的三种水平层次。这三个水平部分反映了脑的生物起源，由原始的单细胞有机物慢慢地进化为较复杂的动物，再发展为脊椎动物、哺乳动物，最后演化为猿和人类。对简单动物而言，生命是由威胁和机遇构成的连续体，动物必须学会如何对它们做出恰当的反应。那么其基本的脑回路确实是反应机制：分析情境并做出反应。这一系统与动物的肌肉紧密相连。如果面对的事物是有害的或者危险的，肌肉便紧张起来以准备奔跑、进攻或变得警觉；如果面对的物品是有利的或者合意的，动物会放松并利用这一情境。随着不断进化，进行分析和反应的大脑神经回路也在逐渐改进，并变得更加成熟。把一段铁丝网放在动物与可口的食物之间，小鸡可能永远被地拦住，在栅栏前挣扎却得不到食物，而狗会自然地绕过栅栏。人类则拥有一个更发达的脑结构，他们可以回想自己的经历，并和别人交流自己的经历。因此，我们不仅会绕过栅栏得到食物，而且还会回想这一过程，仔细考虑这一过程，并决定移动栅栏或食物，这样下次我们就不用绕过栅栏。我们还会把这个问题告诉其他人，这样他们甚至在到那儿之前就知道该怎么做。

像蜥蜴这样的动物主要在本能水平活动，其大脑只能以固定的程式分析世界并做出反应。狗及其他哺乳动物，则可进行更高的，即行为水平的分析，因其具有复杂和强大的大脑，可以分析情境，并相应地改变行为。人类的行为水平对那些易于学习的常规操作特别有用，这也是熟练的表演者胜过普通人的原因。

在进化发展的最高水平，人脑可以对其自身的操作进行思索。这是反省、有意识思维、学习关于世界的新概念并概括总结的基础。

因为行为水平不是有意识的，所以你可以成功地在行为水平上下意识地驾驶汽车，同时在反思水平上有意识地思考其他事情。娴熟的表演者可以运用这一便利，如娴熟的钢琴演奏者可以边用手指自如地弹奏，边思考音乐的高级结构。这也是为什么他们能够在演奏时与人交谈，以及为什么他们有时找不到自己弹奏的地方而不得不聆听自己的弹奏去寻找。此时，反思水平迷失了方向，而行为水平仍然在很好地工作。

这三种水平在人类的日常活动中也比比皆是：坐过山车；用利刃有条不紊地在切菜板上把食物切成方块；沉思一部庄重的文学艺术作品。这三种活动以不同的方式影响我们。第一种活动是最原始的，是对坠落、高速度和高度的本能反应。第二种活动涉及有效运用一个好工具的快乐，指的是一种熟练完成任务所产生的感受，来自行为水平。这是任何专家做某事做得很好时而感受到的快乐，如驾车驶过一段不容易走的路或弹奏一曲复杂的音乐作品。这一行为上的快乐不同于庄重的文学艺术作品提供的快乐，因为后者来自反思水平，需要进行研究和解释。

这三个水平相互影响的方式很复杂，为了应用唐纳德·A.诺曼进行了简化。这三种水平可以对应于如下的产品特点（图8.14）。

本能水平的设计——外形；

行为水平的设计——使用的乐趣和效率；

反思水平的设计——自我形象、个人满意、记忆。

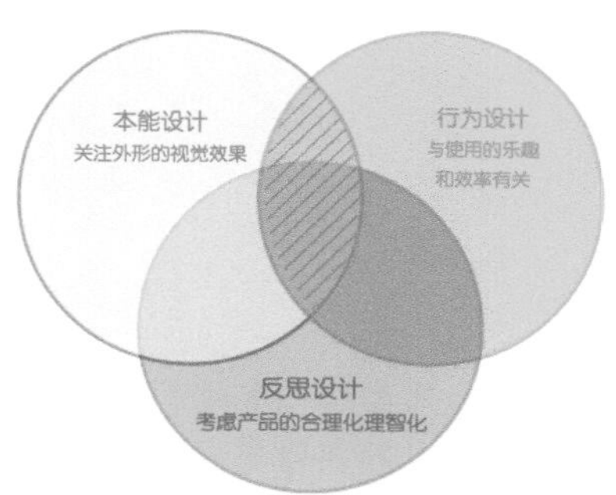

- 本能的、行为的和反思的这三个不同维度，在任何实际中都相互交织的。
- 要注意把握将这三个不同维度与认知和情感相交织。

图8.14　三种水平的设计

8.4.1　本能水平的设计

人是视觉动物，对外形的观察和理解是出自本能的。如果视觉设计越是符合本能水平的思维，就越可能让人接受并且喜欢。

TORAFU ARCHITECTS 事务所设计了一套名为“cobrina”的小型家具产品系列，旨在让空间得到更有效的利用。

“cobrina”一词来源于日语表达“koburi-na”，用于形容小巧的事物。该家具系列的特点是圆润表面和细长倾斜的腿（图8.15）。小型家具能为其环境提供一种柔和的氛围，它们就像一群小动物。设计师力求创造轻量的家具，便于使用者轻松地重新排列并改变用途。

较低的高度允许 cobrina chair（图8.16）可以整齐地摆放在桌面以下，有两种不同朝向形式的靠背还创造了一个可爱的表情。cobrina chair 有软垫和非软垫两种配置。根据不同的使用目的，如家居或办公室，除了天然木色之外有黑色、蓝色和浅灰可供选择。

图8.15　cobrina 家具系列

图8.16　cobrina chair

cobrina table(图8.17)的桌面实际上就是放大了的 cobrina chair座板，半圆形允许 cobrina table能够靠墙摆放，圆润的转折让它有效利用空间的同时又保持圆桌的特性。餐厅中的桌椅搭配在一起时就是“父亲和孩子”。

cobrina sofa（图8.18）是没有扶手的轻量双人座沙发，靠垫的颜色，图案和数量可根据用户喜好随意搭配。

图8.17　cobrina table

图8.18　cobrina sofa

cobrina living table（图8.19）作为矮桌可用作茶几或用于有榻榻米的房间。

cobrina AV cabinet（图8.20）非常人性化，可靠墙摆放或放置在区域中央。

cobrina island cabinet（图8.21）有四个层板，可用于起居室或餐厅。

图8.19　cobrina living table

图8.20　cobrina AV cabinet

cobrina hangerstand（图8.22）就像一棵小树，顶部容器可用于存放衣袋里的物品。

图8.21　cobrina island cabinet

图8.22　cobrina hangerstand

8.4.2　行为水平的设计

行为水平的设计可能是我们应该关注最多的，特别对功能性的产品来说，讲究效用，重要的是性能。使用产品是一连串的操作，美观界面带来的良好第一印象能否延续，关键就要看两点：是否能有效地完成任务，是否是一种有乐趣的操作体验，这是行为水平设计需要解决的问题。

优秀的行为水平设计体现在4个方面：功能性、易懂性、可用性和物理感觉。

例如，我们普遍认为刷牙没有更多的乐趣。但有设计师设计了一种由醒目的插图描绘的可爱和交互式牙膏包装，一套由6管组成（图8.23）。

图8.23　儿童牙膏包装设计

这个包装设计不仅可爱，而且也是可以互动的，管上的插图是用水溶性油墨打印上去的，将牙膏包装溶解在水里，管上的图案呈动态显示（图8.24）。

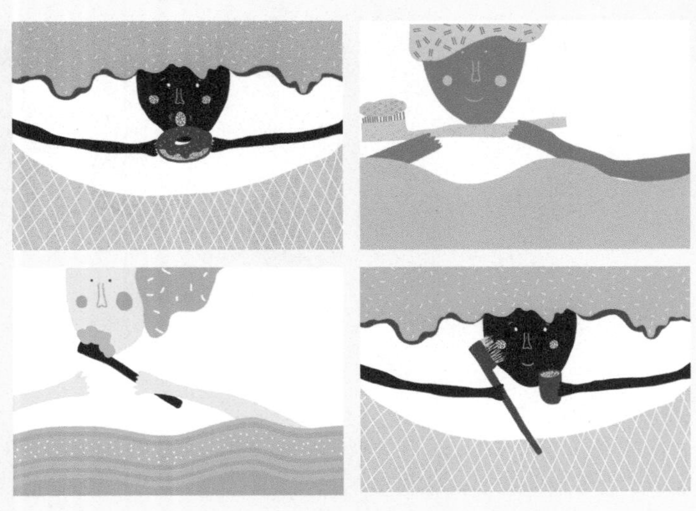

图8.24　插图溶解在水里赋予全新的动态的形象

如果我们的牙膏包装都设计成这样，孩子们一定会很享受刷牙过程。

8.4.3 反思水平的设计

反思水平的设计与物品的意义有关，受到环境、文化、身份、认同等的影响，会比较复杂，变化也较快。这一层次，事实上与顾客长期感受有关，需要建立品牌或者产品长期的价值。只有在产品、服务和用户之间建立起情感的纽带，通过互动影响了自我形象、满意度、记忆等，才能形成对品牌的认知，培养对品牌的忠诚度，品牌成了情感的代表或者载体。

例如，为了鼓励人们回收利用废物，2014年可口可乐公司联合奥美中国在泰国和印尼发起了一项名为“Coca-Cola 2nd Lives”的活动（图8.25）。在该活动中，可口可乐为人们免费提供40万份16种功能不同的瓶盖，只需拧到旧可乐瓶子上，就可以把瓶子变成水枪、笔刷、照明灯、转笔刀等工具。这种功能性和趣味性也使可口可乐的品牌形象更加深入人心。

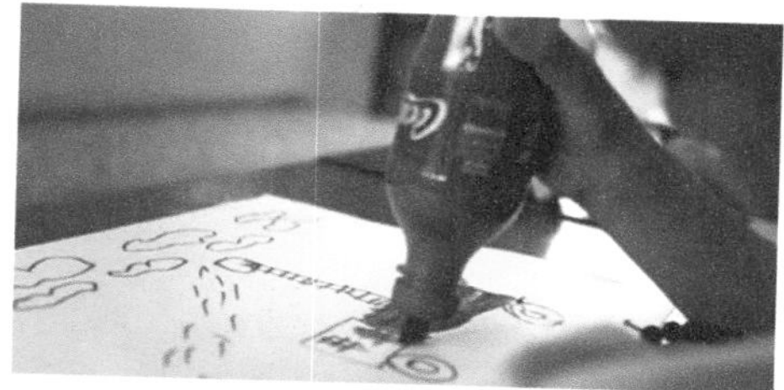

图8.25 空可乐瓶的第二次生命

9. 交互设计

JIAO HU SHE JI

9.1 什么是交互

交互，顾名思义，交流互动的意思，我们生活的社会交互无处不在，离开了交流互动寸步难行。往大了说，人类的发展历史就是一个不断改进交互方式，获取更舒适交互体验，达到更好互动需求的过程。比如人类从茹毛饮血，单纯地、被动地接受自然界的既有食物，到偶尔捡食到口感更加的被雷电击中灼烧过的动物肉体从中受到启发引发主动思考，发明钻木取火，再到如今人们会利用更多香料烹煮食物获取更丰富的感官饮食体验。

再以我们一天普通的生活、休闲、工作为例，清晨被闹钟或手机的铃声叫起，起床洗漱，钻进厨房做个简单又营养的早饭，然后拎包坐公交挤地铁或走路或开车，进了公司刷卡上班，打开电脑使用各种应用处理一堆的文件资料，与上司、同事交流工作上的不同观点……使用网站、软件、消费产品以及各种服务的时候，实际上就是在同它们交互，我们一天当中不知道与多少产品或服务在发生着这种关系，使用过程中的感觉就是一种交互体验。

9.2 交互设计

关于交互设计成为一个专业的必要性，可以参考知名软件设计师米契·卡波（Mitchell Kapor）的说法。在数字科技发展的初期，软件的开发被视为是一项技术性的工程，因此大多是由撰写软件的科学家来一手包办。卡波在20世纪80年代，开始将“设计”的概念带入当时正在萌芽的软件工业。从现在的眼光来看，卡波的工作内容就是交互设计，他也因此被公认为是第一位专业的软件设计师。

1990年，卡波发表了著名的“软件设计宣言”（A Software Design Manifesto），在这篇宣言中卡波表示：“什么是设计？在怎样的情况下，设计会成为一个需要重视的问题呢？这个情况，就出现在你同时跨足‘科技’与‘人类需求’，而必须尝试将两者连接起来的时候。”“以建筑为例，当你想要盖一间房子，你首先必须和‘建筑师’沟通，而不是去和工程师沟通。为什么呢？因为要盖出一栋好房子所需要的条件，并不属于工程技术的范畴。你需要把卧房安排在安静的位置让人可以休息，你要让厨房邻近餐厅。”“这些都不是大自然的定律，也不是技术性的知识，这是一种设计上的智慧。同理可证，计算机软件之所有元件和元素的选择，都必须以使用者的需求以及使用上的状况为依据，这就必须透过有智慧、深思熟虑的设计才能达成。”卡波的这一番话，为交互设计做出了一个明确的定位。因此我们可以归纳出以下结论：交互设计是一种超越技术性，能够以使用者的需求和使用经验为中心去考量的大智慧，其终极目的在于创造出科技与人类之间的完美连接。

交互设计所牵连的范围很广，界面工程、软件设计、人因工程、人机互动、信息工程等，都需要用到与交互设计相关的专业知识（图9.1）。因此在美国，工业设计公司、网络设计公司、软件设计公司、媒体设计公司、数字广告公司等，在近几年来都纷纷成立交互设计部门，因为科技与人类的互动和结合，已经成为一个必然的趋势。以广告公司R/GA为例，每一个广告案件，都会由交互设计师、视觉设计师和程序设计组成团队共同负责，因为他们相信如此打造出来的创意，才会人性、美感和技术兼备，就像是完成一栋好房子，需要建筑师、室内设计和工程师的通力合作一样。

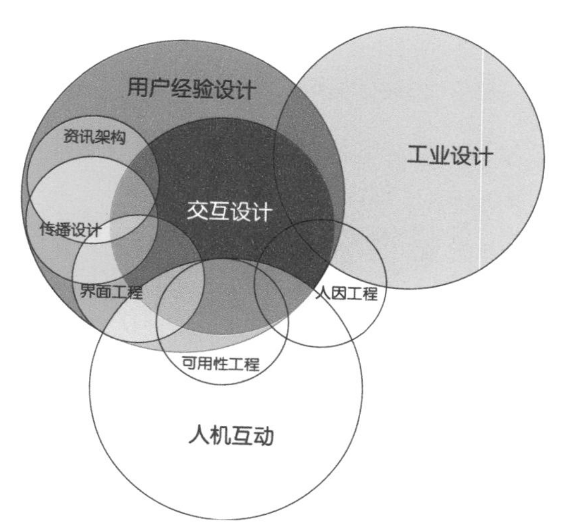

图9.1　丹·赛弗（Dan Saffer）的交互设计及其他相关领域关系

IDEO公司的交互设计部负责人督恩·贝（Duane Bay）曾经将交互设计整理归纳成为以下三大类。

（1）透过荧幕的体验

这应该是大家所最熟悉的交互设计形态，网站、软件、电玩等使用者必须透过荧幕体验互动，都属于这个类别。

（2）互动产品

这种交互设计与工业设计息息相关，如手机、相机、鼠标等，都属于这个范畴。因为产品具有实体，因此在交互设计过程中，除了视觉，还必须考虑材料、硬件结构、人因工程等元素。

（3）服务

服务交互设计，指的是公司与客户群之间的互动。它并没有固定的管道、形态或产品。因不同个案的需求，会有不同的计划和策略，目的在于提供良好的互动经验，借以提升用户对于公司或其产品的信赖度与忠诚度。客服电话语音系统、互动营销、展场内查询数据的互动装置等，都是属于以服务为出发点的交互设计。

9.3 交互设计三“E”指标

怎么评估交互设计成功与否？这里就需要谈到评估交互设计三个“E”指标。

射箭要有箭靶，赛跑要有终点。学习交互设计非常重要的一个步骤，就是认识评估设计质量的标准。因为只有了解什么是好的，才能够以成功为标杆，避免迷失与错误，朝正确的方向前进。在本书这一章节，我们一起来认识评估交互设计成功指数的三“E”指标。

综合参考了很多专家、学者的看法，以及个人多年来的工作经验，我认为，评估交互设计作品最好的方式，就是透过“Effective（有效）”“Easy（简便）”和“ Enjoyable（享受）”所组成的三“E”指标。这个评估方式，也相对呼应了由功能性、可用性和愉悦性所组成的“消费者需求阶层金字塔”概念。

（1）Effective（功能）

使用者会去使用互动产品，一定是有其必须完成的任务、解决的问题或者是想要达成的目标。比如，人们使用售票机，就是要完成买票这个任务；上网搜寻，是要解决找资料这个问题；玩手机游戏，就是希望达到娱乐这个目标。所以交互设计的最低限度，就是要能够成功地协助使用者，让他们完成任务、解决问题或者是达到目的。不能协助使用者有效达成心之所欲的互动产品，就是完全失败的交互设计。

图9.2　哲学家托马斯·阿奎那

关于实用的重要，早在中世纪时期，哲学家托马斯·阿奎那(Thomas Aquinas，见图9.2)就曾说：“如果一个巧匠决定用玻璃来做锯子，来使锯子更为美观，那这个结果不但是一把没用的锯子，同时也因而是一件失败的艺术品。”因此对于任何工具而言，“功能”这一点的重要性，相信应该是毋庸置疑的。那么，除了能够协助使用者成功达到目的之外，要怎样才能算是真正的有效呢？这个问题的关键之一，其实就是俗话说千金也难买的宝物：光阴。

如何提升软硬件运作的速度，那是工程师才有能力去挑战的课题。设计互动的艺术，则是在于如何排除一切操作程序上的困难和繁琐，压缩使用者从进入系统到达成目的所需要付出的时间代价。市面上许多的产品，都会不约而同强调“随插即用”“程序简单”以及“操作流畅”，也就是这个原因。

更重要的是，当等待已经成为一种必然，那么就要着眼于如何减低等待所造成的负面影响。曾经听过这样一个经典案例：纽约的一栋商业大楼，因为电梯太少所造成的等待，使得租户纷纷在租约到期就迁出。为求改进租用状况，管理公司集合了各界专家，召开会议寻求解决之道。建筑师和工程师所提出的解决办法，不外乎基建甚至于建筑结构上的改变，因此在财务和工程所需之时效性上，都会对管理公司造成极大的负担。最后，一个由交互设计师提出的意见，却只用了300元美金，就让这栋大楼起死回生。

这个聪明的交互设计师，调整了电梯等待区的灯光质感，并且装上许多镜子，因为只要能够成功转移注意力，成功提升电梯的使用经验，就可以削减等待所造成的不耐烦。一般常见的转移注意力方式，是放置装饰品或是艺术品，但艺术品不仅昂贵而且保管困难，更何况，不管什么风格的装饰或艺术品，都不可能符合所有人的品位，放久了，也容易看腻，交互设计师知道，人们永远看不腻的只有自己。这就是交互设计深谙人性的一种智慧。

除了显性的使用有效指数之外，另外一个值得注意的是从品牌形象出发的隐性有效指数，也就是说，除了好用之外，互助设计还必须搭配美学上的思考，才能够成功传达出正确的信息，建立品牌认识度和形象。但特别要注意两件事：首先，品牌形象的建立，并不是把商标多放在几处或者将它放大。这种强迫推销容易造成反效果；其次，漂亮的设计并不一定就是合适的设计。好的设计，是指善用设计语言，为公司和品牌做出独特定位。

在国际设计界，Bang&Olufsen（简称B&O）是一个非常响亮的名字，1967年由著名设计师Jacob Jensen 设计的Beolab5000立体声收音机以其全新的线性调谐面板，精致、简练的设计语言和方便、直观的操作方式确立了其经典的设计风格（图9.3），广泛体现在其后一系列产品设计之中。Jensen在谈到自己的设计时说：“设计是一种语言，它能为任何人理解。”

图9.3　著名设计师Jacob Jensen 及其设计的Beolab5000立体声收音机

在每年的国际设计年鉴和其他设计刊物上，在世界各地的设计博物馆和设计展览中，B&O公司的设计都以其新颖、独特而受到人们的关注。图9.4为B&O专为苹果设计的音箱底座Beosound8。

图9.4　B&O专为苹果设计的音箱底座Beosound8

（2）Easy（简便）

三“E”指标中最复杂、最难解释的，就是Easy这一项。简单地说，要达到简便的境界，交互设计师所需要的，是一种“不用思考，因为我都帮你想好了”的体贴感觉。这并不是低估使用者的智能和能力，而是尽可能事先排除一切不必要的干扰和噪声，让用户能够专注、有效率地达成他们使用互动产品的目的，进而得到一个愉快的使用经验。这种宁愿减少功能也要坚持操作简便的哲学，就是Apple公司坚持的设计理念。一件交互设计要简便，设计师就必须挖空心思，帮使用者减少以下四种工作：记忆性工作、肢体性工作、视觉性工作和理解性工作。

例如在网页设计中，框架、边界、方块和所有类型的容器都用于分割页面内容。就如典型的头条设计，设计元素被巧妙地包含在内，且与内容分开。现在，常见的趋势是将这些额外窗口都去除掉。无边界设计，是一种极简主义的设计方法，并且随着发展带来有趣的变化。

如图9.5所示，网页中已经不存在页眉和页脚的概念。相反，页面看上去感觉更像一个交互式展摊。页面内容层次由左到右地依次组织，这样使得页面布局更加直观。这样的设计几乎不需将内容从导航中分离。相反，更能显示出产品的美感。

图9.5　Braun网页设计

（3）Enjoyable（享受）

有效和简便，都会直接影响到Enjoyable（享受）这个指标，但要有效地提升享受指数，我们还必须理解产品设计大师派屈克·乔登（Patrick W.Jordan）的理论。乔登在2002年出版的《超越可用性：产品带来的愉悦》一书中指出，设计产品可以从生理、社会、心理、思想等层面带给使用者愉悦感。下面以汽车为例，简短解说这四个方面与交互设计的关系。

大众汽车在2015年红点设计大奖评选中一举摘得三项产品设计类奖项，第八代帕萨特、第八代帕萨特旅行版（图9.6）和Sportsvan荣获2015年红点设计大奖。

图9.6　第八代帕萨特和第八代帕萨特旅行版

其中获奖的第八代帕萨特和第八代帕萨特旅行版都是同级别中最具创新性的车型。同时，它们在品质、舒适性、驾驶乐趣以及设计方面也堪称典范。车头前端的动感设计，加上延伸到两侧的进气口，赋予这两款全新一代帕萨特车型宽广而强悍的外观，长而低的引擎盖、短前悬以及长轴距设计又给它们带来了时尚高贵的气质。

再以宝马汽车为例，宝马2015款BMW X5M和X6M（图9.7、图9.8）在驾驶舱风格上发生的变化就充分展示了车子给车主带来的这种社会身份和地位的愉悦。车型内饰拥有美利奴运动座椅、改款的仪表盘、皮革包裹的M形方向盘。其他值得强调是皮革包裹的仪表板、阿尔坎塔车顶衬里、M形品牌铝制迎宾踏板，另外，还拥有压印头枕、一款全天候自动四驱控制系统和哈曼卡顿音频系统。

图9.7　宝马2015款最新车型X5M和X6M

图9.8　BMW X5M和BMW X6M内饰设计

9.4　交互的心理艺术表现手法

9.4.1　音乐的魅力

音乐家冼星海曾经说过这样一段话：“音乐，是人生最大的快乐；音乐，是生活中的一股清泉；音乐，是陶冶性情的熔炉。”音乐是老少皆宜的一种文化交流方式，它以独特的艺术魅力、脍炙人口的旋律，吸引了众多爱好者。

当漫步街头，路边店播放出的优美音乐使你精神大振、忘却疲劳；当你泛舟湖上，远处飘来的轻音乐会使你怡然陶醉，乐不思返；当你徜徉在田间地头，清脆动人的山歌悄然而至，会使你心旌摇荡，忘记自我；当你躺在母亲怀里，温柔亲切的催眠曲会让你的心神俱宁，渐渐入睡……由此可见，音乐已成为人们生活中不可缺少的一部分。我们无法想象，生活中一旦失去了音乐，将是怎样的死寂和乏味。以我们最熟悉的收音机来说，就有许多个性化的音乐频道，引发听觉的互动、心灵的共鸣。以隶属于上海文广新闻传媒集团的SiTV魅力音乐频道为例，整合了境内外媒体以及专业音乐频道庞大的音乐电视节目资源，有全新大型音乐益智游戏竞赛类节目，既普及音乐知识，又为观众带去欢笑和幸运；来自国内外的华语歌手每周带着自己的全新单曲和保留金曲与莘莘学子近距离接触；每天邀请演艺时尚界的明星讲述心情故事，推荐时尚场所，放送精彩MV；在第一时间送上最新鲜的流行音乐和最火辣的娱乐资讯。

随着新型媒介的不断出现，现在也有很多音乐App应用以及音乐交互产品供我们选择。例如，一个人难免感到孤单，听到一首打动自己的音乐，想与同好分享，却不知道该找谁。网易云音乐（图9.9）就让你找到也在听同一首歌的用户，看到对方的歌单和最近播放的歌曲，让你在茫茫人海中发现趣味相投的另一颗心灵。在网易云音乐，用户还可以在歌曲评论中，看到其他人分享自己因歌曲而起的思绪和回忆，同一歌手更动人的作品，对歌中故事的理解。你不只是听一首歌，还看到更多的故事；不是一个人在聆听，你的心声有人应和，他人的点赞、评论被推荐让用户找到存在感。用户逐渐养成“听歌，看评论，发评论”的习惯，网易云音乐成了一个存放心情寻找共鸣的后花园。

乐器教育领域的巨头Orange Amps推出了号称世界上第一个真正的交互式乐理学习工具Orange Musicboard交互白板（图9.10）。Musicboard上方配备了61键钢琴键盘，并提供四种乐器声可供选择。下方为三段五线谱，用白板笔填写的音符能通过设定内置节拍器同步响应，指挥棒也能识别音符并播放。学习音乐的初期，乐理知识的学习往往十分枯燥，有了这样的交互白板，让乐理学习的课堂更加生动直观。未来交互屏将无处不在，这也是未来科技发展的一个趋势。

图9.9 网易云音乐

图9.10 Orange Amps推出的Orange Musicboard交互白板

9.4.2 幽默的艺术

加入幽默不仅使交互更人性化，让紧张、无聊、乏味的操作流程增加变数，引导积极的心理效应。根据心理学研究和神经系统科学的研究，正面情绪和负面情绪会影响我们创造性解决问题的能力、唤起记忆的能力、做出决定的能力、帮助别人的能力。这就是人们心情好的时候，工作效率会更高，工作效果会更好。

以网站设计为例，如果想为网站添加幽默元素，可以有很多种方式，例如，搞笑的错误页面（Team Treehouse）、搞笑的Logo、卡通式的布局、搞怪的背景图像、可爱的图片或者让人爆笑的视觉元素……交互设计中的幽默性和趣味性如果用一句话表达，那就是“情理之中，意料之外”。

Mailchimp（见图9.11）是一个通过电子邮件订阅 RSS 的在线工具，是外贸电子商务开发客户的一个优秀工具。它的吉祥物和页面上的一些有趣的句子，将美学和幽默结合起来，都让人读了之后能开心地笑起来。

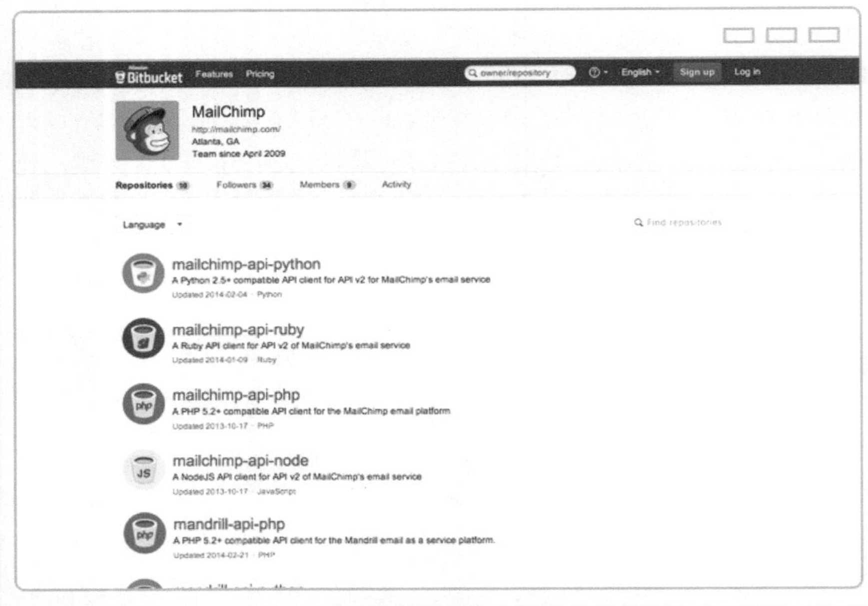

图9.11　Mailchimp网站界面设计

“我嘿嘿”（见图9.12）是一款手机应用，支持发送语音短信、视频、图片和文字，可以群聊，仅耗少量流量，适合大部分智能手机。以轻幽默为基础，“好玩儿”为核心的客户端体验，赢得亿万级下载用户，千万级活跃手机注册用户，不断创新方言幽默体验、提升幽默交互、改变方言格局！在功能上类似于微信，可以通过方言来找老乡、交友，当你独自一人在异乡的时候会倍感孤独，这时候可以打开“我嘿嘿”听一听老乡在干什么，你们可以聊一些自己感兴趣的话题，也可以拉拉家常。而且注册“我嘿嘿”还会有注册送积分、抽奖等活动。

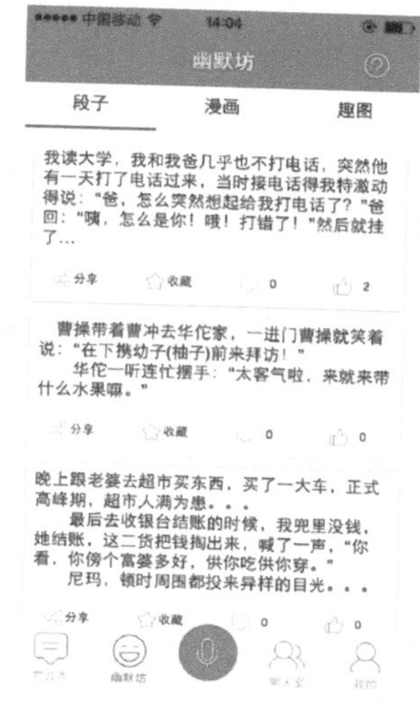

图9.12 "我嘿嘿"手机应用界面

9.4.3 游戏的轻松

当我们谈论游戏时，自然而然就想到了玩游戏时的乐趣和欢笑。实际上，一个游戏好不好玩，主要取决于游戏本身的玩法。我们勇于探索新的领域；我们喜欢寻找新的模式；我们遇到令人愉快的惊奇时会感到高兴；我们创造了自身的独特性……这一切的过程其实都归结在一个本质上：我们通过创造好玩的东西来制作游戏并乐享其中。但是，游戏和玩耍是有区别的，玩耍可以自然发生，不需要任何公开宣布的目标，而游戏则是有规则、目标和其他特点。正是游戏的这些动态特征引发了人们的矛盾、焦虑、兴奋或喜悦。游戏设计的原理模型如图9.13所示。

抓住了人们对于游戏的兴趣，商家们将游戏看作创造用户忠诚度的工具和在服务中创建乐趣的方式也不足为奇了。例如，每个网站都希望自己的用户不断增长，并反复回访使用户更活跃。游戏似乎是促成以及发展这些目标的一种简单的方式。而且好像一段时间内，游戏也真的对某些人起到这样的作用。

但是，仅仅日常行为奖励积分或者虚拟钱币并不能将其变为游戏，至少不是一个值得长期玩的游戏，当然，更不能带来欢乐。游戏设计师花数月或数年的时间来测试各种各样的机制获取最佳的组合以激发玩家的兴趣和挑战。若想知道游戏为什么如此让人着迷，我们要透过现象看本质，创造一个经典游戏，远不止对一个日常行为进行外部加强那么简单。

究其核心，游戏就是关于玩。但是，游戏之所以成为游戏，是因为引入了挑战；得最高分；活下来；解决谜题；避免被淘汰。玩耍和挑战是游戏时的内在动机，而达成挑战成功的目标和获得奖励则是外在的动机。

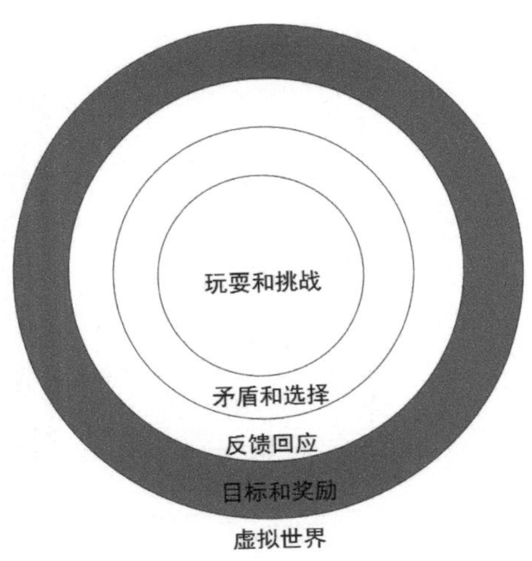

图9.13　游戏设计的原理模型

9.4.4　含蓄的诱惑

诱惑的艺术是一种含蓄而迷人的游戏。我们经过反复思虑提出令人们感到舒服的问题；我们的手势和眼神引导着人们的注意力；我们谨言慎行以请求帮助或避免冲突；我们知道什么时候做决定以及如何展示选择；甚至偶然事件的发生也在我们的预料之中。

那么，在交互设计中该如何运用这种含蓄的艺术呢？图9.14是一款儿童雨衣的淘宝聚划算活动，“免费领券”“马上抢”以及对雨衣性能、材质、功能的描述语、价格的前后差异以及不断跳动的距离、活动结束的时间都是在向浏览该商品的潜在购买者发出的诱惑信号，在这多种因素的影响下，潜在的购买者就很有可能变成真正的购买者，商家也实现了活动的目的。

著名的室内设计大师Charles Eames曾说过，“细节并不只关乎它们本身，它们还构成了设计”。的确，每一个网页都是由无数的细节构成，而其中的内容也同样由这些细节连接组织到一起。不论是提供信息服务的网站，还是App的官方宣传页，任何一个优秀的网站都能够经受得起挑剔眼光的洗礼，从图片到布局，从字体到架构。

网页设计的细节至关重要，因为正是它们给用户留下好印象，这些细节支撑起网站的良好体验，提高易用性。正如Eames所说，它们成就了设计，不注意细节会让设计感流失。

图9.14 淘宝“聚划算”活动页面

例如，Basecamp是一个基于网页的项目管理工具。

图9.15所示的是网站的验证界面，设计师事先巧妙地隐藏了确认的按钮，只有当你输入了正确的验证码之后，“OK”按钮才会出现。这种措施不仅提高了网站的性能，还通过让按钮从无到有，将“验证码正确”的概念具现化，触动用户，增加成就感。

越来越多的欧美网站开始在团队页面中标注设计师的家乡，声明这个站点的“故乡”。在足球领域，球队的球员介绍页面上，大家都喜欢“自豪地介绍球员来自……”，也正是这种“基于位置”的信息强化了整个队伍的归属感和凝聚力（图9.16）。同理，设计师们的“故乡”信息也有着同样的作用。

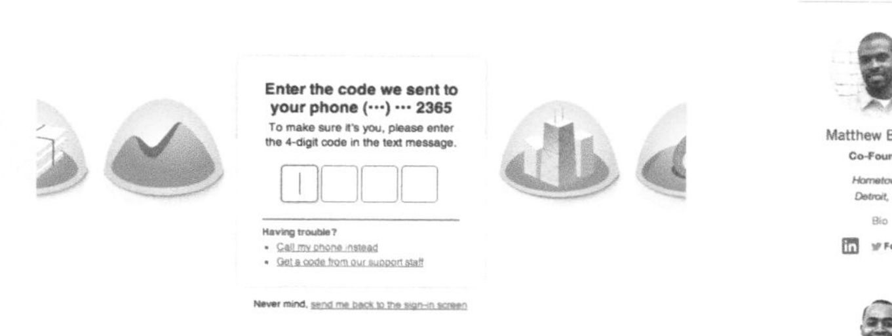

图9.15 隐藏密码验证按钮

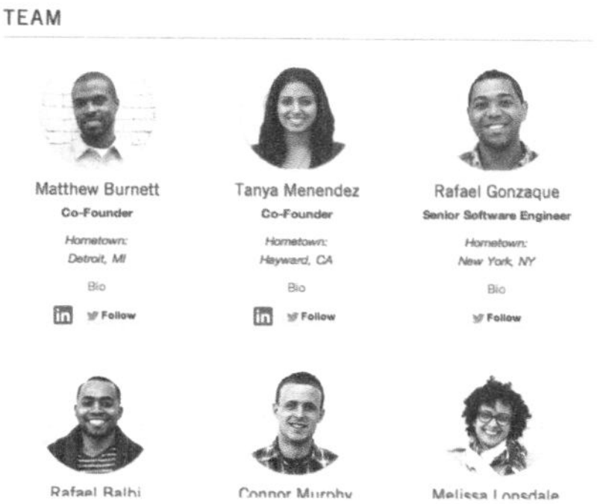

图9.16 “基于位置”的信息强化了归属感和凝聚力

9.4.5 惊喜的体验

体验到的东西使得我们感到真实，现实，并在大脑记忆中留下深刻印象。用户体验这个概念的提出非常重要，是一种纯主观的在用户使用一个产品（服务）的过程中建立起来的心理感受。体验指的是创新应用和审美价值，是以用户至上的观点作为基石的。

维珍美国就是出色体验设计的完美体现，它的故事是“快乐旅行，出行无忧”。这个主题延伸到飞机的颜色和照明（图9.17），最重要的是如何与客户交互。合作、友好、好玩处处体现在了维珍美国的每一个客户接触点上。维珍美国的做法与美联航及美航等航空公司形成了鲜明对比—后者尽管都进行了大改造，但再多的颜料也掩盖不了这样一个事实：他们无法营造出对消费者友好的体验。

图9.17　维珍美国航空公司的飞机客舱

10. 案例集锦

AN LI JI JIN

10.1 设计心理学在产品设计上的应用

10.1.1 Apple Watch全新交互体验设计

Apple Watch是苹果公司于2014年9月发布的一款智能手表，是一款全方位的健康和运动追踪设备。Apple Watch具有三个系列：Apple Watch Sport、Apple Watch 和 Apple Watch Edition。三个系列的表壳材质为铝合金、不锈钢和金，同时可以与多种表带任意搭配组合（图10.1）。

图10.1 Apple Watch的三个系列

Apple Watch在2015年4月10日面市后，销售异常火爆，日预订量达近百万件。4月24日正式发货的第一批Apple Watch在苹果官网上迅速售罄。从首日开放接受预定的情况来看，Apple Watch显然是成功的。

如果说谷歌眼镜让智能穿戴从科幻片中走出来，并走到了大众的视线中。那么随着苹果Apple Watch的落地，将正式开启智能穿戴的商业化普及之路。可穿戴设备将正式走入大众生活，并被大众认知、理解、接受。

库克在2014年9月Apple Watch的发布会上表示："我们不想把iPhone的界面缩小了放在你的手腕上。这是一款革命性的产品，用户界面经过了全新的设计。"

Apple Watch让智能穿戴产业在智能手表方向上有了更清晰的方向。不论是从技术层面、设计层面、交互层面都将给诸多智能穿戴企业提供思考的方向。从交互方面来看，智能穿戴的核心交互将由当前相对烦琐的界面交互转变为更直接的语音交互与图像交互，谷歌眼镜与苹果手表都在这方面做了很好的探索。

Apple Watch屏幕采用蓝宝石材质，背面有大量的传感器，当用户抬起手腕就会自动显示。屏幕是可触控的，并且能分清轻敲和点击的区别。Apple Watch的操作主要通过手势来完成（图10.2）。

① 上下滑动即可滚动屏幕；

② 水平滑动即可跳过页面；

③ 使用数码表冠可快速翻滚页面；

④ 向左或向右滑动可翻页；

⑤ 屏幕边缘向上滑动，进入Glance视图；

⑥ 屏幕边缘向左滑动，返回上一页/进入下一页；

⑦ 点击即可选择。

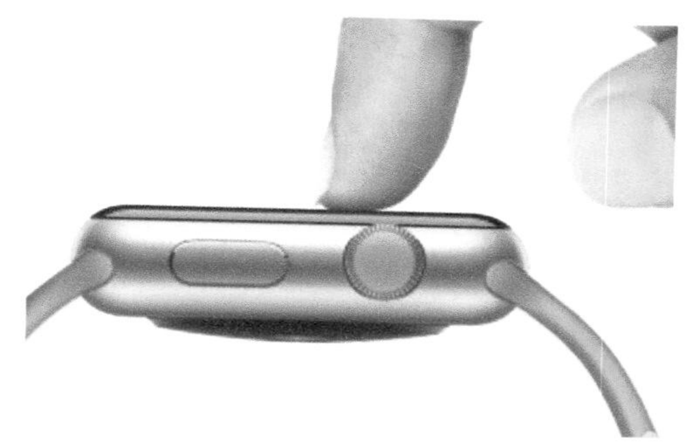

图10.2 Apple Watch的操作主要通过手势来完成

Apple Watch提供给了我们一种全新的操控方式——旋钮（图10.3）。表身模仿了传统腕表的设计，不过在机身的侧面设计了一个旋钮和一个按键，受限于屏幕尺寸，Apple Watch将很多触摸操作搬到了侧面的旋转钮上，使用中可以通过旋转旋钮完成缩放、上下滑动等操作。而苹果为了照顾佩戴者的喜好，推出了两种屏幕尺寸的Apple Watch。

Apple Watch采用了全新的系统，所有的图标都以散落的方式排列（图10.4），应用的界面也更加简洁，动画效果也都调整得更加“圆润”。从现场的演示来看，Apple Watch的动画效果非常平滑，相比较手机，Apple Watch的操作更加简单。与之前的很多智能手表产品一样，Apple Watch可以显示通知、调用地图、控制音乐播放、接收短信并快速回复等。

图 10.3　Apple Watch 提供了一种全新的操控方式——旋钮

图 10.4　所有的图标都以散落的方式排列

Apple Watch 使用一种全新的字体——San Francisco（图 10.5）。这种字体会根据字母的大小来进行缩放，以便阅读。

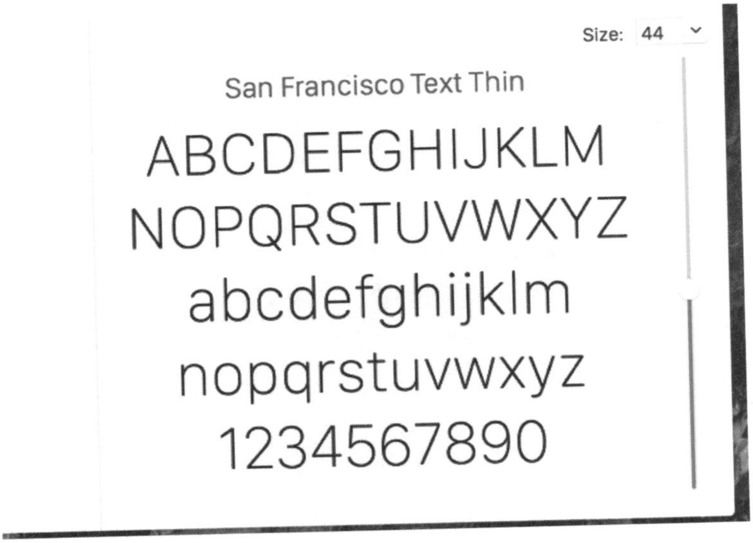

Size: 44

San Francisco Text Thin

ABCDEFGHIJKLM
NOPQRSTUVWXYZ
abcdefghijklm
nopqrstuvwxyz
1234567890

图 10.5　Apple Watch 使用一种全新的字体——San Francisco

下面列举 Apple Watch 非常有意思的交互功能。

（1）按下侧边按钮就可进入“朋友”界面

按下侧边按钮进入“朋友”界面，可看到常用联系人的缩略图。轻点其中一个，就能发送信息，拨打电话，或选择一种 Apple Watch 独有的新方式来沟通（图 10.6）。

图 10.6　独有的新方式来沟通

（2）个性化的Tap

向朋友打个招呼，或者向至爱表达思念，只需悄悄向他们发送一个轻柔的 Tap，他们的手腕就能感觉到。针对不同的朋友，你还能发送各种个性化的Tap（图10.7）。

（3）内置的心率传感器记录并传送心跳

当你用双指同时按住屏幕，内置的心率传感器会记录并传送你的心跳（图10.8）。用这种简单而亲密的方式，你可轻松与人分享感受。

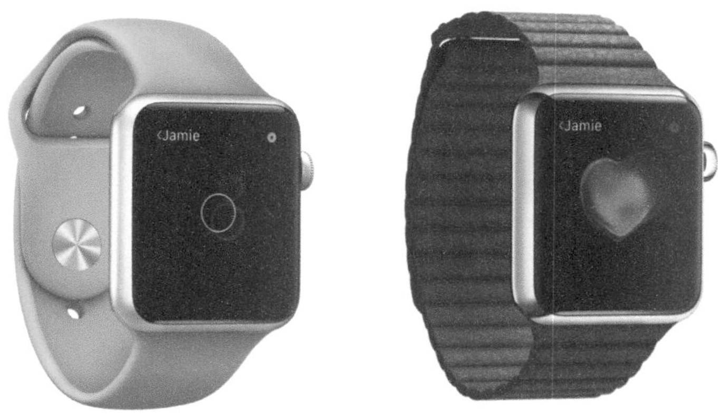

图 10.7　个性化Tap　　　图 10.8　内置的心率传感器记录并传送心跳

（4）动动手指，随便画点什么

你在另一头的朋友能看到你画画的动作，还可随即回复，为你送上即兴创作（图 10.9）。

（5）可设置“米奇”表盘（图 10.10）

深受喜爱的“米奇”经典形象，现在更加栩栩如生。米奇的两只手臂自然绕刻度盘转动，分别代表时针和分针，而脚掌同时以每秒一次的频率踩动。

（6）可设置“太阳位置”表盘（图 10.11）

根据你当前位置和时间，显示太阳在天空中的位置，从黎明、日出、正午、日落、黄昏，再到午夜。转动 Digital Crown，便能追踪太阳的轨迹。

图 10.9　即时回复即兴创作

图 10.10　“米奇”表盘

图 10.11　设置“太阳位置”表盘

（7）语音生成文本信息（图 10.12）

录一段语音，或者使用听写功能，口述生成文本信息。

（8）接电话，动动手腕就好（图 10.13）

你既可借助内置的扬声器及麦克风快速聊上几句，也可顺畅地将来电转至你的 iPhone，再慢慢细聊。只需用手遮住 Apple Watch 的屏幕，就可以将来电转为静音状态。

（9）从 Apple Watch 上开始，在 iPhone 上继续（图 10.14）

Apple Watch 适合于快速互动，但有时你难免要进行深入交流，用户可以将信息、电话和邮件从 Apple Watch 转至 iPhone，从中断的地方接着完成。

图 10.12　语音生成文本信息

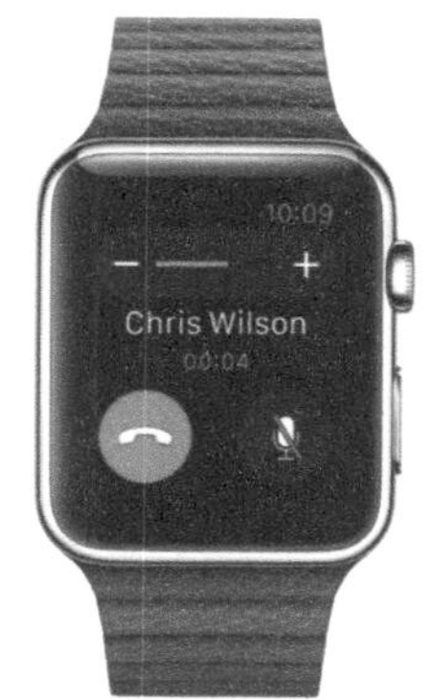

图 10.13　接电话，动动手腕就好

（10）Activity App——少坐，多动，常锻炼（图 10.15）

通过简洁的图表，Activity App 可以展现你的日常运动量，三个圆环就能告诉你所需知道的一切。“Move”（活动）圆环显示你今天消耗了多少卡路里；“Exercise（锻炼）”圆环显示你完成了多少分钟的健身；而“Stand（站立）”圆环则显示你站起身来的频率。你的目标就是：每天，让每个圆环都圆满。

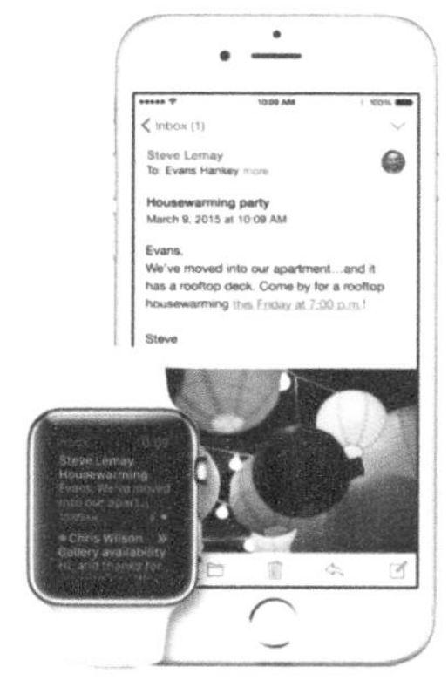

图 10.14　从 Apple Watch 上开始，在 iPhone 上继续

图 10.15　Activity App

（11）让你和座椅之间有点距离（图 10.16）

为了帮助你尽量减少一天中久坐不动的时间，当你站起来稍稍活动一下时，Apple Watch 就能感应到，并且为你累计起身频率。如果你坐着的时间接近 1 小时，它就会提醒你起身。如果你在一天的 12 个小时里，每小时都能至少起身活动 1 分钟，就能完成“stand（站立）”这个

圆环。这听起来可能微不足道，但少坐能促使你保持活力，对健康大有裨益。

（12）Workout（体能训练），记录你的每一步，和你的每一次进步

Workout（图10.17）是一款运动应用，它能帮助你记录下运动时的各种数据，但它与Activity还有些区别，它不是时刻在记录的，需要用户在做有氧运动前手动开启。

Apple Watch 能够清晰呈现你的日常运动记录，让你一目了然。要看到自己在更长时间内的进步和趋势，可选择使用 iPhone 上的 Activity App，按天、按周或按月查看自己的“Activity”圆环、锻炼情况和成绩。Activity App 还能将你的锻炼数据与 iPhone 上的健康App共享，以便你常用的健康与运动类第三方App 经你许可后进行访问。

（13）微信（图10.18）

在中国，每天有数十亿条消息在微信上往来，更有数亿人使用微信的“朋友圈”分享照片。Apple Watch 版的微信将这两项广受欢迎的功能置于你的手腕。

图10.16　让你和座椅之间有点距离

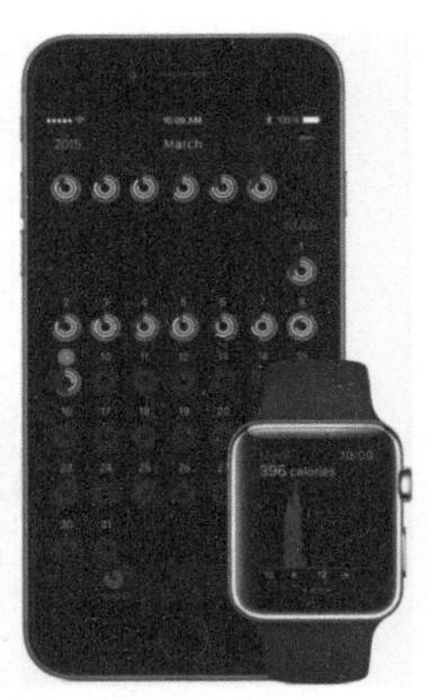

图10.17　Workout

图10.18　微信

（14）Glances（图10.19）

Apple Watch 不只是让你喜爱的App 搬了个新家，更带给你完全不同的方式，让你尽情体验它们。Glances 是一项为你省时的功能，它能把每个App 里你最关注的信息提取出来，并以简明扼要的形式呈现，让你一目了然。而且，由于Apple Watch 可以轻戳你的手腕，一有通知，你立刻便会知道。

图 10.19　Glances 是一项为你省时的功能

（15）Passbook管理卡券

Passbook（图 10.20）是一款管理卡券的应用，它可将不同应用中的电子券集中至一处，方便随时调取使用，不过它仅支持来自部分应用的电子票券，可在iPhone客户端中了解更多。想象一下，电影入场或者登机时，只消抬抬手就能信步前行，那气场简直没谁了，不过一定要注意保持手表的电量，没电那可是什么事都办不了。

（16）Siri

智能设备令用户们越来越懒惰，能动口绝不动手，在一些特定的场合当中，语音成功地替代了键盘成为了最佳输入及控制工具。比如在开车时，或其他双手不方便使用手机时，说一声"Hey Siri"显然更便捷（图 10.21）。这么一看，Apple Watch似乎并不是靠表带吸引眼球，实用价值也是很高的。

图 10.20　Passbook

图 10.21　在一些特定的场合Siri语音替代了键盘成为了最佳输入及控制工具

（17）音乐

随时随地享受音乐是iPhone用户最喜欢的事情之一，苹果也曾大力宣传过这一点，只是iTunes想导入一首歌并不简单，所以用户们更多的是选择安装第三方应用。Apple Watch自备音乐应用（图10.22），只不过它的2GB内存似乎太小，音乐功能也仅作为控制器使用，只要同步了播放列表即可直接在手表中选择播放或者暂停。

（18）Camera Remote

Apple Watch可作为iPhone的遥控器使用，这下是真正的"自拍不求人"了，只要将手机的位置调整好，在手表上按下快门即可（图10.23），配合手机专用三脚架效果更好。

图10.22　Apple Watch自备音乐应用

图10.23　Apple Watch 可以用作 iPhone 上 iSight 摄像头的取景器

尽管Apple Watch的交互技术还没有完全通过语音与图像取代界面交互，而是基于当前的界面与语音的结合来实现。但有个方向是非常明确的，也就是界面交互将被更为简单、直接的语音交互与图像交互所取代。这种改变将同样影响着下一阶段搜索技术的发展方向。在作者看来，从交互层面，当前的界面交互将很快被语音、图像交互所取代。

未来80%以上的搜索将会以语音与图像为主，这也是整个物联网时代所带来的生活方式改变。

10.1.2　UnlimitedHand 新型虚拟现实游戏控制器

人类从很久以前就一直在研究如何将虚拟的东西具象化为现实，随着时代的变迁和科技的发展，慢慢地 VR 技术有了，全息投影技术也有了，人们在视觉上总算是得到了满足。但是这并不是终点，人们希望除了能看，还能触摸、感受到这些虚拟景象的存在，于是技术人员再次打开了自己的脑洞。2015年底来自日本东京大学的 H2L 公司就成功设计出了一款可以穿戴在手上的游戏控制器（图10.24），与普通手柄、摇杆不同的是，它的功能是能给玩家带来触感。

这款神奇的操控器名为 Unlimited Hand，是专为了虚拟现实体验而设计的，玩家只要在进行游戏前将它绑在手臂上，其内置的肌肉感应器以及 3D 动态感应器就能让玩家体验到虚拟世界中的触感（图10.25）。像是触摸、抱、握、推、拉、抓等不同的触感都能真实地感受到，因此虚拟世界中的不同物体也可以直接通过触感来分辨，而它还能辨别玩家的各种手势动作，并根据分析给玩家提供准确的触感力度（比如拿起物品时的重量感）。

图10.24　可以穿戴在手上的游戏控制器

除了拥有触感反馈的功能外，UnlimitedHand 内置的 EMS 肌肉刺激器还能直接发出微弱电流刺激手部的肌肉，让玩家的手指和手掌也受到虚拟世界的触感和物理效果影响。比如玩家在虚拟世界中拿起了一件东西，这时候除了能够感受到重量感之外，玩家本人的手也会受电流刺激而不自觉地下沉（受重）。

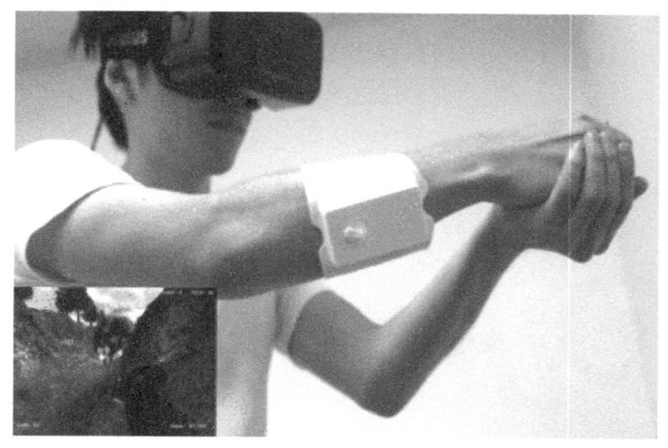

图10.25　内置的肌肉感应器及 3D 动态感应器能让玩家体验到虚拟世界中的触感和重量感

10.2　设计心理学在App设计上的应用

10.2.1　视觉社交网站Pinterest App设计

Pinterest（图10.26）是一个自称“个人版猎酷工具”的视觉社交目录网站，看起来像是一面虚拟的灵感墙，收藏丰富多元的设计、视觉艺术图片。以板（Pinboards）为单位，可以钉

（pin）你喜爱的收藏，书签功能一键式抓取图片聚合到自己的Pinterest页面上，也可以follow不同人的品位。

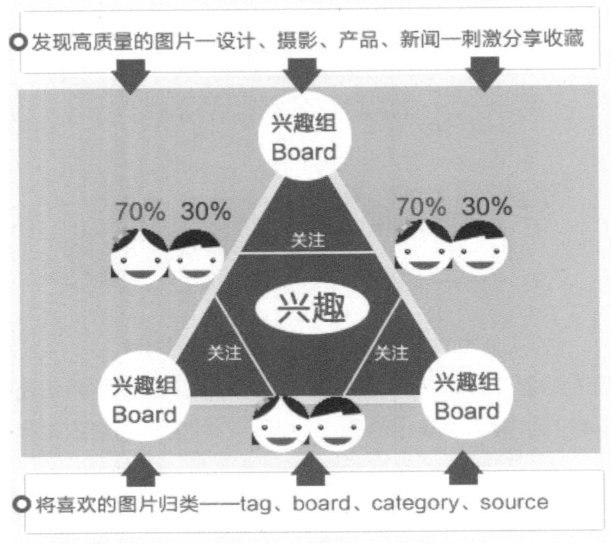

图10.26　Pinterest

Pinterest采用的是瀑布流的形式展现图片内容（图10.27），不需用户翻页，新的图片不断自动加载在页面底端，让用户不断发现新的图片。目前网站收集的都是高品质照片。

图10.27　Pinterest采用的是瀑布流展现图片内容

从设计心理学角度来看Pinterest网站高速发展的原因，有以下几点。

① 强制简化的互动。让用户有效地剪辑和收藏自己感兴趣的内容，让繁杂的图片信息处理过程变得简单。

② 瀑布流布局机构。更直观的用户体验界面，独具风格的内容展示。

③ 视觉体验上的冲击。网站看起来像一堵能够给用户无限灵感的墙，对于爱美的人来说，是绝对没有抵抗力的。

④ 注册即分享模式。使用Facebook或者Twitter账号进行登录，快速在用户社交群中扩散。

⑤ 高品质图片。从色彩和构图角度吸引女生，容易引起女性用户的共鸣，而女性是极具潜力的用户群。

⑥ 用户的猎酷心理。从用户行为的角度上，弥补人的原始需求，满足用户的“收集癖”，创造舒适体验。

下面是一些非常出色的Pinterest界面交互设计细节。

① Pinterest登录页（图10.28）。登录Pinterest的官方主页，背景由缓慢滚动的图片墙构成。设计师用了太多的图片数据来通过登录页也展示了Pinterest的特点。

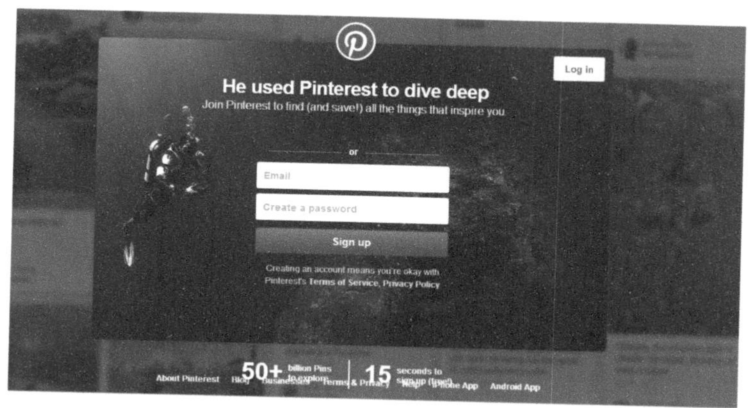

图10.28　Pinterest登录页

② 启动画面。不同的App，启动过程中给用户带来的激活体验是十分微妙的，绝佳的设计能吸引新用户去更好地体验产品。Pinterest无论是网站还是App在这方面都做得很好。

Pinterest所关注的不是功能，而是用户的需求。在此，他们并不谈论图片、分享、社交媒体等，仅仅单纯地陈述人们该如何使用它，如何利用它来更好地生活。不停移动的镜像画面，也展示了他们的有趣和图片特色。

③ 搜索过滤（图10.29）。脱离iOS模式，实用性强。Pinterest的搜索过滤有着很好的体验反馈。

④ 浏览（图10.30）。对比各种App之后，用户会被一些微妙的设计细节打动。精巧地切换，进入，并且利用一些减淡的元素打造了绝妙的流畅体验。没有太多突然的切换，有的只是静态状态的逐步转换。

⑤ 滑动刷新（图10.31）。很多人都尝试在iOS7的在载入指示符中做些改变，Pinterest在此只是用了很简明的设计。没有什么特别的，但仍有着很好的体验，充分显示了产品的卓越。

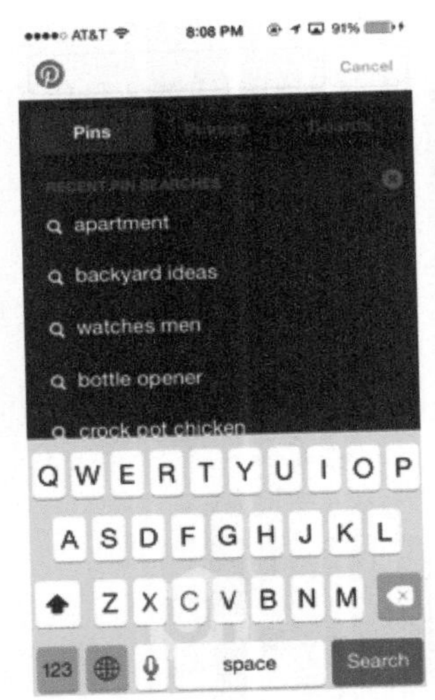

图10.29　搜索过滤

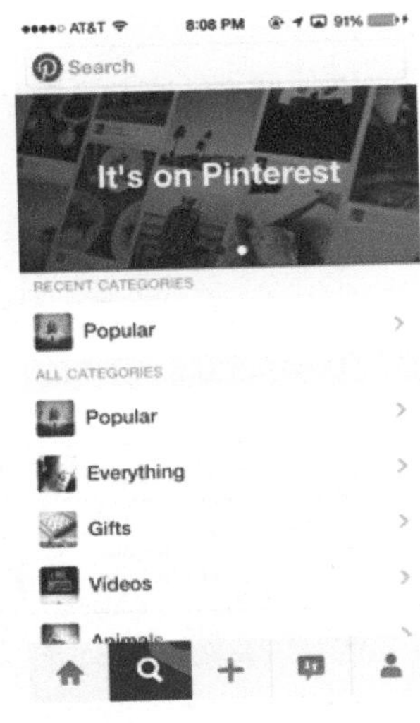

图10.30　浏览

图10.31　滑动刷新

⑥ 关注提示（图10.32）。这种类似于点头的动态提醒有点神经质，不过这也强调显示了Pinterest的极简设计风格，引导着来自不同地区的用户。

还有第二个设计细节特别容易被忽视，当使用者关注一个用户时，他的关注者人数会弹跳一下，取消关注也是如此。

⑦ 滚动。使用者返回到顶部，注意这个标题栏的文本“Plants”会轻微地弹动消失，就是弹开然后弹回消失不见，特别生动。

⑧ 阅图（图10.33）。当用户在浏览图片时，Pinterest的每一次切换都是精心设计的。使用

者非常喜欢阅览时，新窗口按比例弹出，主图作为背景模糊的样式。

⑨ 点赞（图 10.34）使用者可以为你喜欢的图片点个赞。

在设计中的诸多细节很容易被忽视，也正是这些细节让 App 更生动、有个性。了解此点的设计师和开发者为此而不断地改进，想出新点子。

图 10.32　关注提示

图 10.33　阅图

图 10.34　点赞

⑩ 操控（图 10.35）。减淡而慢慢移出视线的图片切换如此细微，如此之快。底部增加的深度以及图片的有形性都是设计师用心之处。

⑪ 返回。通过下拉能从单个图片回转到主要版面，一切都非常流畅自然。

⑫ 即时互动（图 10.36）。在主要版面轻击图片即可跳出扁平的、活动的图标，让使用者即时点赞或者分享图片给朋友。

即时 Pin：无论何时使用者启动 Pin，将滑出在页面显示，此时背景会根据比例模糊，非常的简洁。

即时点赞（图 10.37）：当使用着喜欢一张照片，即可点击图片方的心形，它将轻微地弹动以示操作成功。

发送 Pin：在发送 Pin 的操作中同样采取了模糊和灵活切换。值得注意的是，一旦信息被成功发送，会有一个小的黑色气泡信息提示显示在屏幕下方。

图 10.35　操控

图 10.36　即时互动

图 10.37　即时点赞

添加信息（图 10.38）：如果使用者想要以短消息的方式分享 Pin，信息编辑栏将放大以方便使用者进行文字编辑。它将推送标题栏在顶部，移出不必要的部件以空出空间。

⑬ 标签栏（图 10.39）。在主页增加标签栏也挺有趣的，添加的图标通过旋转，给了用户更便捷的方式取消。图标切换的模式，运用模糊和色彩突出了 App 的主要操作。

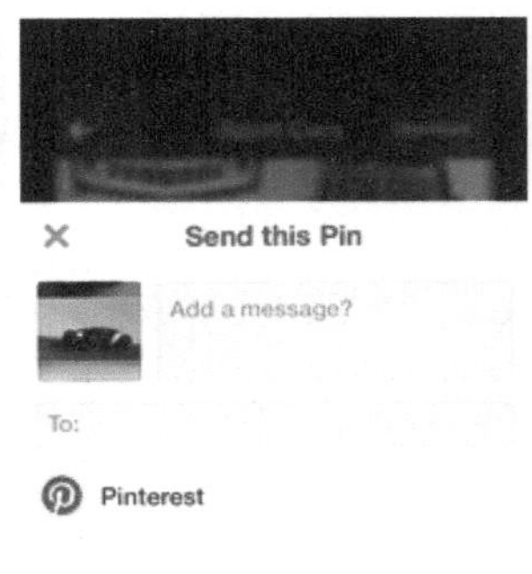

图 10.38　添加信息

图 10.39　标签栏

10.2.2 故宫博物院《韩熙载夜宴图》App设计

“南唐后期，国势日渐衰弱，整个金陵城被一种萎靡的气氛笼罩着。来自北方的贵族韩熙载，仿佛受到了命运的作弄。”伴着知了窸窣的叫声和悠扬的琴笛旋律，画面从一轮孤月渐渐转移到郁郁葱葱的竹林，再聚焦人声鼎沸的豪门夜宴……这，便是故宫博物院今年新出的App《韩熙载夜宴图》(见图10.40)的“开场白”。好听的讲解女声在精致的动画中穿梭，不知不觉地，《韩熙载夜宴图》的创作背景、主人公形象被娓娓道来。

2015年1月8日，故宫博物院《韩熙载夜宴图》App正式上线。此前，故宫博物院已经发布了《胤禛美人图》《紫禁城祥瑞》《皇帝的一天》三款App，反响皆不俗。这一次，故宫博物院所藏绘画之宝、五代时期顾闳中的《韩熙载夜宴图》(宋摹本)(图10.41)成为App的主角。

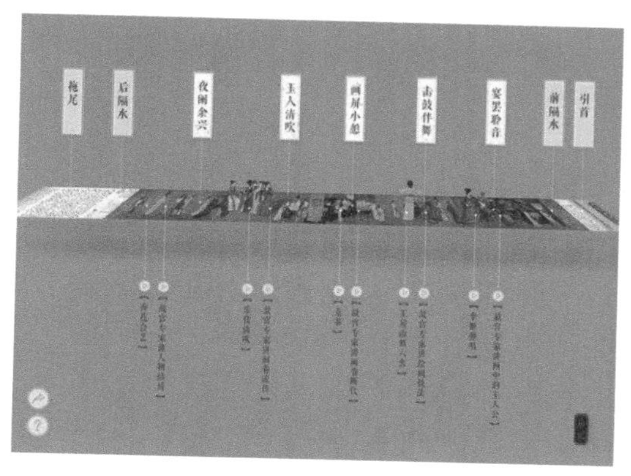

图10.40 故宫博物院2015年推出了新App《韩熙载夜宴图》

图10.41 五代时期顾闳中的《韩熙载夜宴图》(宋摹本)局部

中国十大传世名画之一《韩熙载夜宴图》共分为听乐、观舞、暂歇、清吹、散宴五个段落，以“连环画”的构图叙事形式，描述了南唐巨宦韩熙载在家开宴行乐的全过程。但出于藏品保护，《韩熙载夜宴图》得以呈现的机会十分有限，这也是故宫博物院推出这一App的主要原因。

据悉，此番制作历时近两年，拍摄、制作素材累计容量将近900G。“高清的文物影像、专业的学术资料、丰富的媒体内容和创新的交互设计”是它最大的亮点。下面，就让我们一起来欣赏一下这款App的精美。

(1)高清——家具上的花纹清晰可见

进入数字画卷，手指左右滑动间便能浏览全卷。因为是高清成像，画面还能随手放大。这就好似在博物馆实体赏画时，凑近身子，近观细节，家伎发髻上的珠钗饰品、衣袖上的图案纹理乃至家具上的雕刻花纹都清晰可见（图10.42）。其实，App共有三层立体赏析模式：总览层、鉴赏层和体验层，画面精细度从左往右递增。换言之，同样一幅画可被远观、可被近赏，角度完全由观众的手指决定。

而在体验层，若轻轻触动屏幕，指尖所至之处半径5cm内似有烛光追随（图10.43），而周围则是黑景。如此，指尖所触的局部画面就被凸显出来。只见“烛光”忽闪忽闪，给人一种秉烛夜读且不时有轻风拂过的错觉，伴着不断的笛音，颇有古典意境。

图10.42 放大局部，家伎的发髻、衣饰乃至家具上的花纹都清晰可见

图10.43 轻触这款App的画面，会有若明若暗的烛光追随

（2）解说——有文字版的，也有人声版的

有意思的是，若指尖所触为画中人物或器具，稍做停留则可见画面呈现文字示意（见图10.44），部分人物还会呈现“鼓掌”“敲鼓”“洗手”等动态。拥有最丰富文字描述的当属主人公“韩熙载”。奇特的是，每个场景中有关他的文字描绘各不相同，或是出身简介，或是仕途遭遇，或是八卦轶事。

据悉，整幅数字画卷中共有100个内容注释点和1篇后记。《韩熙载夜宴图》本身涉及的画面细节也是历史研究的重要资料。无论是“注子”“方案”之类的古时家具，王屋山、李家明等人物身份与关系介绍，还是家伎坐姿、侍女服饰、叉手礼等文化知识，几乎都配有简洁明了的文字说明。出于场景融入，这些说明比单纯白纸黑字的呈现要生动得多。

除了这些细节，App中也有“有声”文字对于画面整体进行“技术”解说，包括画面线条、角度、布局和寓意，内容相当专业，美术或文博出身的人或对此更为偏爱。

图 10.44 停留在画中人物或器具上，古色古香的文字示意便会显现出来

（3）音乐——用非物质文化遗产“南音”演绎

除了文字与配乐，最好玩的演绎其实是个别场景中的“真人”入画（见图 10.45）。指尖触碰时，忽然之间画中人“活”了起来，换上了与画面极其类似的衣裳。比如家伎王屋山表演六幺舞，一边是渐变的文字说明，一旁就是从画中“舞”出的灵动表演。又比如画中有五位乐伎表演吹笛，突然间就演变为五位真人吹笛演奏。她们的头饰、服饰、人物大小都高度吻合，让这样的设计更显巧妙。

图 10.45 在个别场景中，有“真人”入画

10.3 设计心理学在界面设计上的应用

10.3.1 BMW iDrive操控系统界面设计

BMW曾推出iDrive电子操控系统，却遭人诟病。iDrive系统的原始设计理念是非常具有理想性的。为了减少车内令人眼花缭乱的开关和按钮，BMW公司将所有的功能集中起来，让驾驶人能够透过同一个显示器和控制台掌控一切。iDrive设计的核心，是一个圆形的操控钮，让使用者以按压、倾斜或旋转的方式来操作。从外表上来看，iDrive的控制界面是极简的，但为了将所有功能整合起来，许多功能都被埋藏在系统的深处，因此需要连续经过七八个选项之后才能够完成。这个冗长的过程，会让驾驶人注意力离开路面太久，因此可能造成安全上的顾虑。忽略了使用时的环境和其他状况，让早期的iDrive成为许多车评家口中的中央控制系统失败范例。而随后出现的奔驰COMAND系统和奥迪的MMI虽然推出年代略晚，但操作上都要比iDrive系统更简便，这肯定是宝马不能容忍的。所以在经过3次升级后，2009年新的iDrive系统被装备在宝马5系和最新的宝马7系轿车上。

2009年的iDrive系统操作起来更加方便（图10.46、图10.47），控件由7个快捷键和1个旋钮组成，快捷键各司其职负责进入相应的界面，只要熟悉一下各个按键的位置就能很方便地使用了，这就避免了老款系统从导航想切换到音响时需要很繁琐操作的问题，而旋钮用于在系统的各个界面间切换。

2011年的iDrive系统（见图10.48），更是对直觉的最现代诠释，成就了其对于人机工程学应用的上佳范例。

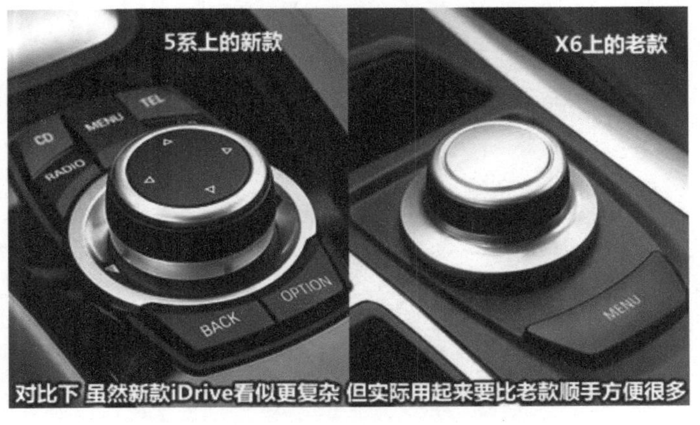

图10.46　iDrive电子操控系统新旧对比

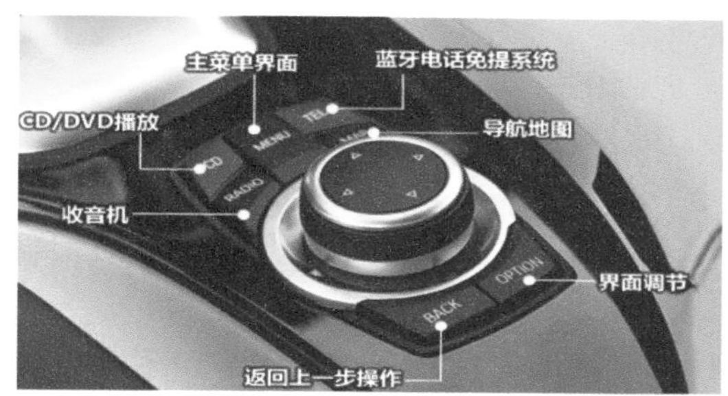

图10.47　2009年的iDrive系统操作起来更加方便

该系统将所有娱乐和通信功能的控制融于一体，为操控舒适性设立了新的标准：控制器就在中央控制台上，可谓触手可及，而高分辨率控制显示屏位于仪表板旁边，具有理想的观看距离和高度。因此，驾驶者获得的最大好处是，可以非常直观地操作所有功能，随时随地尽享轻松驾驶，而且因为采用了化繁为简的设计理念，驾驶人在使用iDrive控制钮选择功能时，不会分散对道路的注意力。

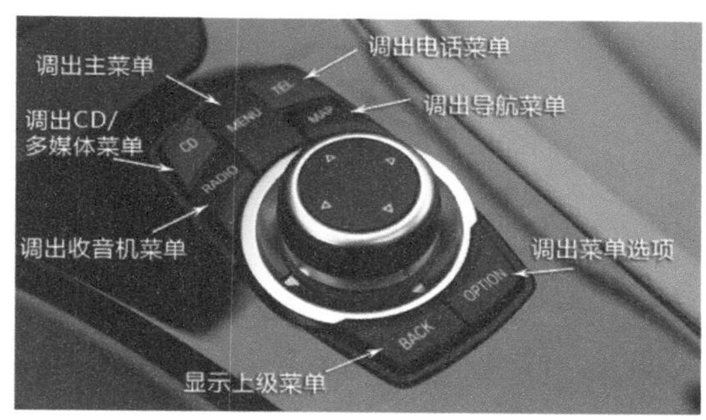

图10.48　2011年的iDrive系统

控制钮的设计遵循先进的生物力学原理，倾斜、旋转和按压等操作在逻辑上沿用了使用计算机工作的相同方式，这样用户可以直观地操作，而不需花费时间熟悉。新的直接菜单控制按钮位于控制钮的上方。它们可以用于直接控制4个最常用的主菜单项CD、收音机、电话和导航。此外，使用者还可以利用8个可自由编程的带记忆功能的快捷按钮存储使用者的设置选择从使用者最喜欢的电台和特定的CD曲目到使用者最长拨打的电话号码和常用的导航目的地。

作为最早推出车载人机交互系统的汽车厂商，宝马集团在2015 拉斯维加斯消费电子展览会CES期间，展示了最新的iDrive人机交互指令输入系统——在不久的未来，BMW汽车的消费者不仅可借助iDrive控制器、语音输入指令与车辆对话，还可通过触摸屏、手势识别系统控制车辆的各项功能，由此带来更加便捷、安全的驾控体验。

（1）隔空互动，手势识别指令输入功能（图10.49）

体感游戏是电玩迷们非常熟悉的装备，先进的传感器科技已能够识别人体的动作并与电子游戏程序完美整合。宝马集团在本届CES展出了与此类似的手势识别功能，不过当前的目的不是为了游戏消遣，而是通过车载系统对驾驶人手势的识别，实现对车辆导航、信息娱乐系统的控制——驾驶人或前排乘客在换挡杆、方向盘和控制显示屏之间的空间内做出规定的指向动作，安装在车顶上的3D传感器即能识别出与其相将对应的导航、信息娱乐系统指令，并完成操作。例如，旋转动作可改变收音机音量，在空中点一下手指即可接听电话，而滑动手指则会拒接来电。由此，新一代宝马信息娱乐系统的操作效率和便捷性、安全性得到进一步提升。

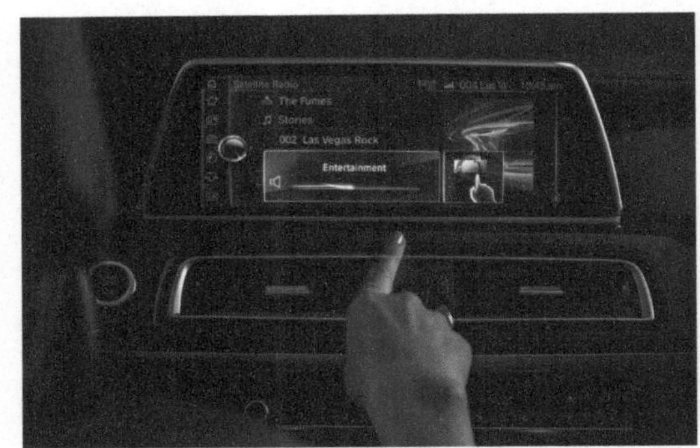

图10.49 隔空互动，手势识别指令输入功能

（2）触摸屏（图10.50）

随着平板电脑和智能手机的迅速普及，数字设备用户的习惯在过去几年中发生了根本性的变化。在许多领域，键盘、鼠标或触摸板等输入装置早已被速度更快、反应更精准的触摸屏所取代。宝马集团已经意识到这一变化，并在2015 CES上，为车迷们推出了装备触摸屏的iDrive人机交互系统。

图10.50 触摸屏设计

新的系统允许用户自由选择通过iDrive中央控制器滚动选择，以及直接在触摸屏上输入数字。当用户伸手靠近屏幕时，系统会立即打开一个虚拟键盘；输入过程中可随时在iDrive控制器、控制器触摸板和触摸屏之间切换。因此，几种操作模式互为补充，从而提高了用户的选择自由度，而且无论哪种方式都符合宝马关于行驶中输入的严格安全规定。显示屏的位置以及相应优化的字号均体现出经过深思熟虑的人体工程学设计，为iDrive控制器及触摸屏输入提供最佳支持。

10.3.2 Airbnb网站界面细节设计

如果你曾使用Airbnb，那么你会在这个过程中，逐步发现这个企业拥有着顶尖的产品设计团队。这个正在改变整个行业的企业，正在为用户提供着顺滑无缝的体验。

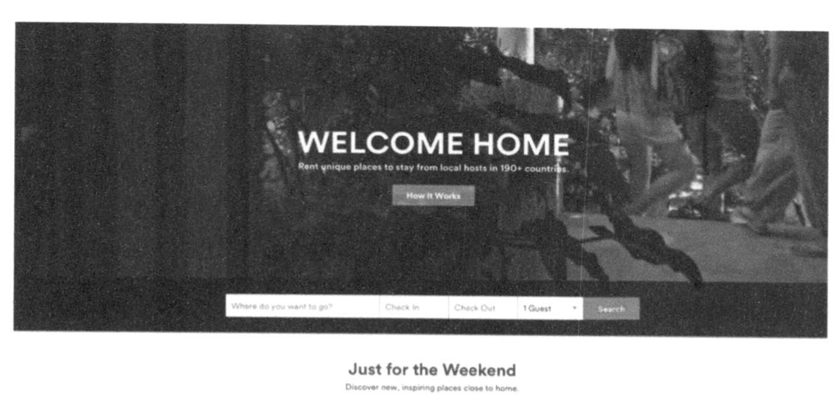

图10.51 Airbnb网站

Airbnb网站（图10.51）以下这些设计无论是用来提升整体的用户体验，还是激励产品增长，都起到了积极的作用。

（1）情绪感染

当用户打开Airbnb的网页的时候，立刻就被友好和安全的氛围所包围（图10.52）。我相信，营造这一氛围的影响因素很多，但是有一样绝对是最突出的，是决定性的，就是页面中所用的照片。如果你仔细观察Airbnb所有的图片选取，你会发现他们的选图规律：绝大多数图片所拍摄的是几个“朋友”在优雅的环境中，微笑着享受生活的情形。

这就是典型的“情绪感染”的使用案例。维基百科中对于“情绪感染”的解释很直白：它指的是两个个体在情绪上相互影响和传递的趋势，当人们不自觉地、下意识地模仿对方的情感表达方式的时候，他们能够感受到同伴的情绪反射。

当Airbnb用无处不在的生活场景和微笑的照片来包围你的时候，你会在潜移默化中被Airbnb社区所影响，与那些幸福的旅行者和这个品牌产生情感关联。

图10.52　当打开Airbnb的网页的时候，立刻就被友好和安全的氛围所包围

（2）文案驱动情绪

Airbnb 在整个网站的语言使用上极为一致。“有归属感的世界（图10.53）”“属于任何地方”“欢迎回家”等。许多文案的遣词造句看起来并不是特别显眼、特别独特，但一定是经过深思熟虑创造出来的。他们将过去老套的、模式化的住宿搜索定制为更为情绪化、个性化的搜索。

图10.53　有归属感的世界

永远不要低估文案的力量。它们可以为任何体验和过程构建内容。例如，你在做澳大利亚旅游专题的时候，你有三张悉尼、墨尔本、布里斯班最漂亮的照片，那么你会怎么配文案呢？“下一次旅行的理想选择”可能是一个不错的文案，但如果改成“本周顶级独家圣地！”，点击量一定优于前者。第二个文案能够调动起用户的情绪，有些正准备旅行的用户会直接改去澳大利亚，因为别人也是这么做的！

（3）保存以前的搜索结果（图 10.54）

图 10.54　保存以前的搜索结果

例如，我们常去的咖啡馆的服务员会记住我们点咖啡的习惯，这也是促使我们加入这家店VIP 会员的重要原因。如果一家店记住你的需求，并且愿意为你定制化服务，体验也算得上是非比寻常了。

通常你在一个网站搜索过之后，网站会记录下你的一个时间段内的搜索历史。但是 Airbnb 不同的地方在于，它会通过在线服务记录下你所有的搜索记录——即使不在 Airbnb 搜索的记录。这也就意味着，你在谷歌、百度、携程、去哪儿搜索了去马尔代夫之后，你打开 Airbnb，点击搜索框，马尔代夫会立刻弹出来。

虽然这只是一个小细节，但是可以由此窥见 Airbnb 在打造无缝浏览体验上的坚持。

（4）价格上抓住痛点（图 10.55）

随着 Airbnb 的成长，每次搜索的列表都有数以千计的结果弹出来，单是选择就足以令用户头疼不已。但在随后的搜索中用户可发现，Airbnb 开始非常谨慎地用一个条形图来显示房源的平均价格变动范围，这也就是说用户不用翻上几百页来筛选了。

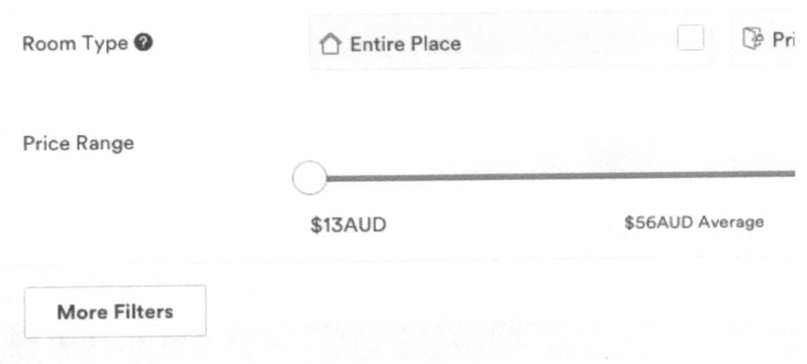

图 10.55　价格上抓住痛点

（5）列表内图片切换（用户交互，图 10.56）

图 10.56　列表内图片切换

当用户筛选房源和居住地的时候，最重要的事情是什么？最重要的，是那个地方实际的样子是否与照片相符！当用户获取搜索结果之后，每个搜出来的房源和地点的基本信息都很完备，最重要的是，图片都是主体，并且成组的图片使用户不需跳转，直接浏览，方便之极！

（6）列表实时更新

列表实时更新这个功能并不是每个网站都添加了，但是具备这一功能的网站也并不都做得很好。而Airbnb就做得很不错！当用户搜索出结果的时候，右侧是地图，左侧是列表（图 10.57），当用户在地图上选取不同地点的时候，搜索结果会随之自动更新，这种额外的交互体验给用户带来惊喜。

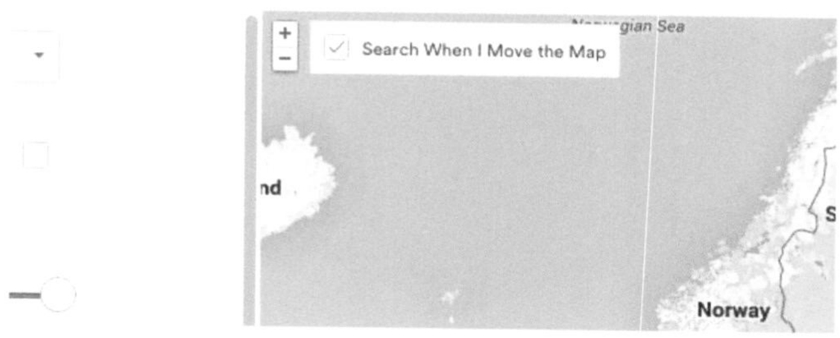

图 10.57　列表实时更新

（7）社会认同与限量销售（见图 10.58）

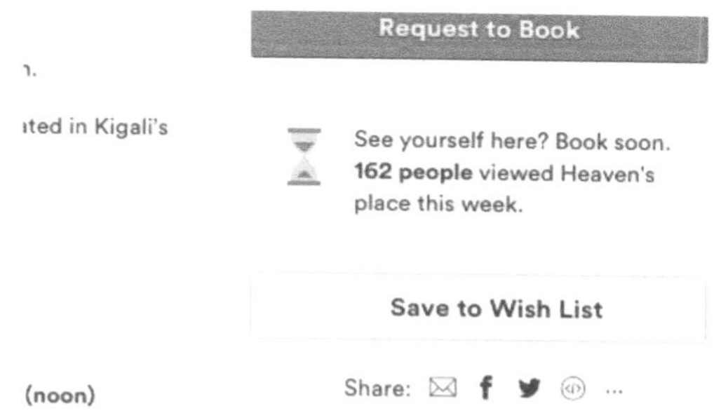

图 10.58　社会认同与限量销售

其实这也是一个颇为经典的“技巧”。通过限量销售来创造紧迫感，让用户看到有多少人同时与之竞争则是通过数字来创造社会认同提升产品销量。

比如，用户第一次在Airbnb查询并预订的时候，由于预订名额不多，地方紧俏，结果可能会预订失败。下一次去阿姆斯特丹的时候，如果还是想预订这个地方，用户会更早预订并做好准备。当然，这当中的平衡和技巧需要掌控好。过度的控制可能会造成饥饿营销，这并不可取。

（8）坚守核心价值观

在特殊的日子里，听到来自全世界各地的“朋友”的问好是一件多么美好的事情（图 10.59）。Airbnb就在为用户做这样的事情。

Airbnb的创始人 Brian Chesky 在接受媒体采访的时候说道，Airbnb 提供的远不止于一个简单的住宿场所，它所提供的是一个帮大家交朋友的地方。

图10.59　在特殊的日子里，听到来自全世界各地的“朋友”的问好是一件美好的事情

如果在年底的时候收到一封E-mail，邮件标题是“同你的Airbnb房主每个季节问候一次”。这是增进友谊、构建社区的绝妙提案。这些令人感觉美好的事情也确实能使人产生好感，为之着迷，所以相比于其他相似的服务，用户更愿意在Airbnb预订房间。

（9）动态首页（图10.60）

图10.60　动态首页

Airbnb的首页设计有视觉焦点，对于视觉走向也有引导。和许多同类网站不同，Airbnb将探索的环节省略了，而是专注于让用户沿着网站的视觉流向下意识浏览下去。

当用户搜索过、点击过几个地方，当用户在回到首页的时候，会发现首页已经根据用户的浏览记录进行了个性化定制，符合需求，推荐也帮用户省去了重新发掘探索的步骤。虽然这种功能算不得起眼，但是用户会为这种小改变而惊艳。

这些有意思的细节设计不仅使得用户体验更好，而且拿捏的时机也很好。预订过几个地方，搜索过十几个城市，用户会发现这是一个令人感到温暖的网站，用户自己也会成为一个温暖的人。

10.4 设计心理学在广告设计上的应用

10.4.1 床垫公司 Casper 品牌广告设计

一上午紧张工作后，在午饭后有个简短的午睡是件非常惬意的事，它有利于精神的恢复，方便下午更有精神地重新投入工作。说到这里不得不提到西班牙，对西班牙人来说，午睡是件传统和神圣的事，他们的午睡时间甚至有1~3个小时之多，许多西班牙公司和政府机构直接把下午两点到四点半的时间定为午睡时间。既然午睡对大多数人而言是恢复精神的重要时刻，那么对床垫公司 Casper 来说，就是一个宣传和广告自己产品的大好时机。

从2015年9月份开始，Casper 策划了名为“午睡之旅 / A Nap Tour”的活动，用来推广他们独特舒适的泡沫床垫。Casper 改造了一辆卡车（图10.61），让卡车后部拥有四个温暖舒适的双人午睡舱，这辆移动式午睡卡车会在9月11日至11月1日期间开至波士顿、华盛顿、纽约、费城、纳什维尔、亚特兰大和迈阿密，现场的观众不仅可以感受和了解床垫，更可以免费在其中一个午睡舱中打个盹或午睡一阵子。

Casper 卡车的外观

用条理分明的木材作为内饰，创建一个温暖的内部空间

如果你想听睡前故事，拿起红色电话筒就可以听到好故事

当你进去午睡的时候，午睡舱的门可以完全关闭，营造一个私密安静的睡眠环境

图10.61 Casper 的“午睡之旅”活动的卡车

10.4.2 印度美食搜索引擎zomato移动App广告设计

zomato是印度一个颇受欢迎的美食搜索引擎（图10.62），为了推广自家新推出的移动App，zomato创建了一系列相当精简有趣的平面图谱，强调人与人之间的行为差异 。在“这个世界有两种人（Two Kinds of People）”的项目中，他们主要展现了人们在饮食方面的巨大差异，这一差异甚至常常形成相互对立的两个阵营 ，但不管你是哪种人 ，你都可以在zomato上找到你的最爱。

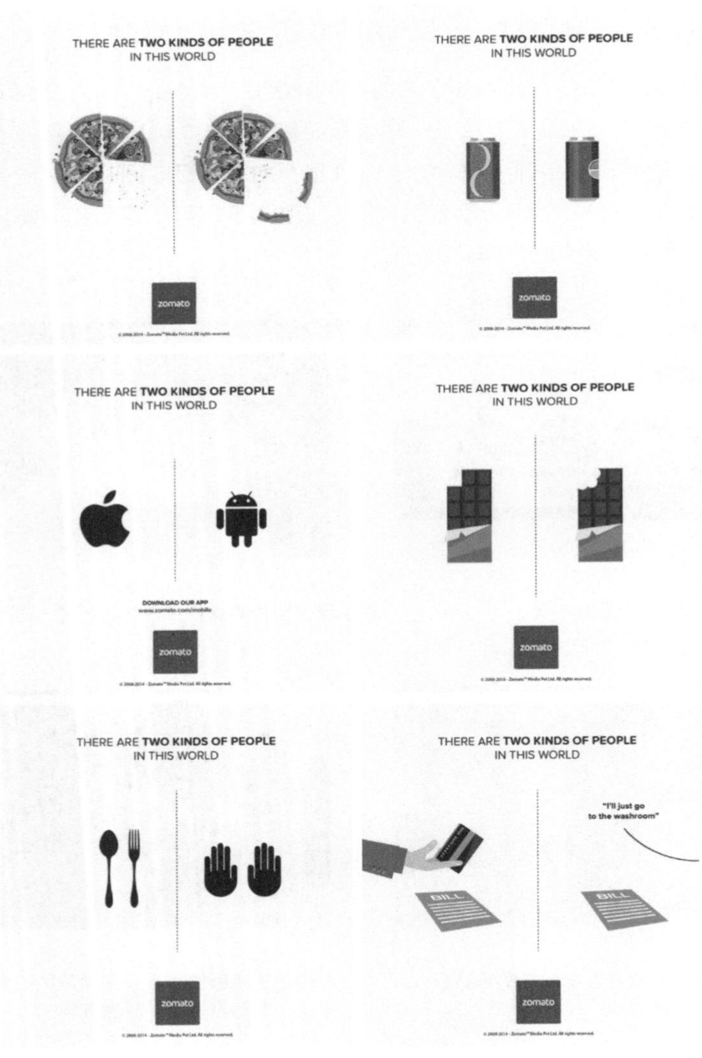

图10.62 美食搜索引擎zomato

10.5 设计心理学在包装设计上的应用

10.5.1 简约有趣的香蕉包装设计

“shiawase banana”是日本UNIFRUTTI公司下的一款香蕉，是产于菲律宾棉兰老岛海拔1000米以上种植园的高品质香蕉，种植时只使用有机肥料，曾被比利时的iTQi（国际风味暨品质评鉴所）授予二星奖章。

nendo设计工作室被委托为这款香蕉设计包装，设计师们认为奢华包装对于它的高品质而言显得画蛇添足，并会掩盖它的环保特质，所以他们决定避开盒子和包装材料，转而采用仿真贴纸贴在香蕉皮的表面上（图10.63）。贴纸是双层的，最表面的一层忠实复制了香蕉皮的质地和颜色，包括逼真的瘀伤和变色；撕开一层贴纸后，展现的是香蕉果肉以及关于香蕉的各种信息。

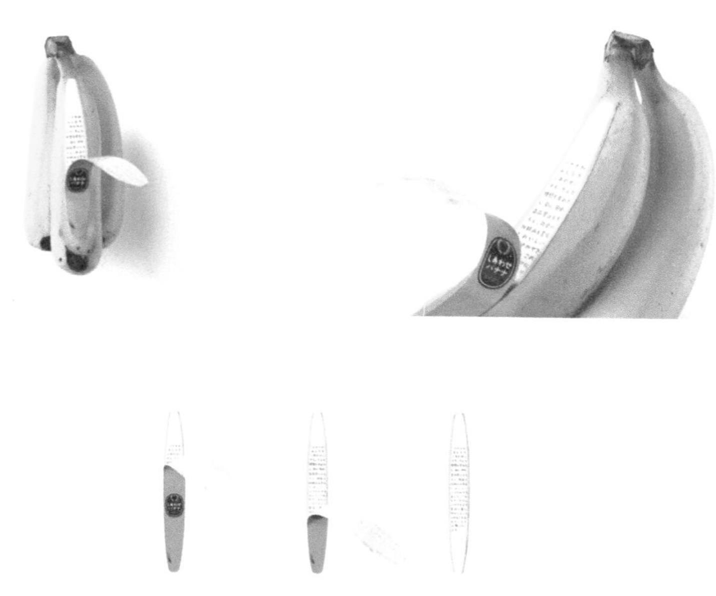

图10.63 用简约的设计来避免不必要的箱盒和包装材料

除了标签贴纸，nendo 也设计了一个纸质的手提袋，让购买者可以方便地提回家（图10.64）。

图 10.64　纸质的手提袋让购买者可以方便地提回家

纸袋被设计成取下提绳后，可以很容易地展开及取出里面的香蕉，同时如果摊开纸袋，你会发现这是一个有趣的“蕉叶”形状，其反面还印有香蕉的详细说明和保质期等信息（图 10.65）。

图 10.65　“蕉叶”形状的纸袋反面印有香蕉的详细说明和保质期等信息

10.5.2　“自动过期”的药物包装设计

吃药治病本是好事，可万一食用了过期的药物后果不堪设想！图 10.66 所示的自动警示药物过期的概念性包装，即在药物包装上设置多层渗透层，随着时间的流逝，印在最表层的油墨会逐渐向下渗，最终显示出危险的警示符号，以防意外事故的发生。

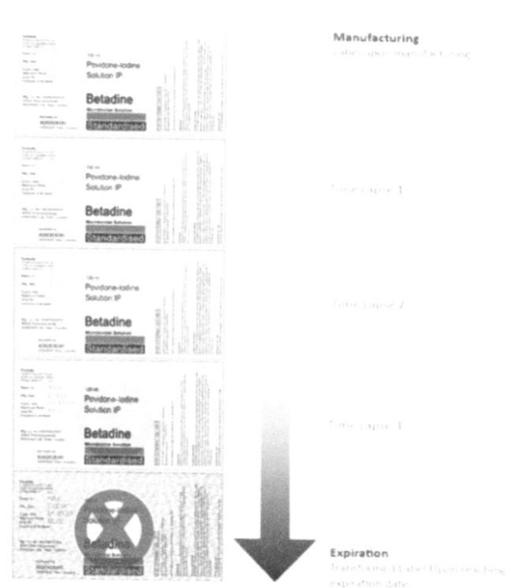

图 10.66　自动警示药物过期的概念性包装

10.6　设计心理学在空间设计上的应用

10.6.1　曼谷Saatchi & Saatchi广告公司办公室设计

Saatchi & Saatchi位于曼谷的新办公室，采用摩登感的设计家具与不同材质的巧妙衔接（图10.67），打造出明亮的空间感，在视觉上给人强烈的冲击。

图 10.67　摩登感的设计家具与不同材质的巧妙衔接

在设计中几何元素被大胆地运用，近期很流行的拼色也被广泛使用，会议室内的自行车桌子（图10.68）十分抢眼，很有设计感。

图10.68　很有设计感的自行车桌子

办公区分为两个部分：创意区和管理区（图10.69）。创意区开敞而明亮，鼓励大家在此激烈的讨论与分享各自的观点，如同在家一样自由轻松。管理区则采用较暗的色调，明亮富含色彩，意思是告诉大家，虽然我们是管理者，但我们的工作生活同样需要激情。

管理区

创意区

图10.69　办公区

10.6.2　伦敦旧画廊交互式收藏馆

在伦敦，AOC建筑工作室对旧韦尔科姆画廊空间进行大改造，创造了一个集阅读与收藏于一体的交互式收藏馆。当书本与艺术交汇在一个空间的时候，会产生什么样美妙的效果呢？

（1）艺术区与阅读区巧融合（图 10.70）

图 10.70　展区设计

设计师针对原画廊空间进行改装，将艺术品与阅读区交错在一起，形成一种宽容的环境。艺术品散发着安静的气息，静静地述说着它们的故事。在这种氛围下进行阅读，想必能够从书中品味不一样的内涵。

（2）抱枕堆满的楼梯（图 10.71）

穿过一楼展区，进入二楼前，必先经过这条“抱枕楼梯”。这条楼梯是静止的，两边的抱枕带来舒适惬意的触感；它又是动态的，游客走到这里坐下，享受或阅读或观景的悠闲时光。复古花纹的抱枕，在这一收藏馆的空间里装点得恰如其分。再配上红色地毯，拾级而上，给人一种宫殿的感觉。从楼梯上俯瞰一楼大厅，一切美好都尽收眼底。交互式收藏馆不仅给人舒适的环境、充满底蕴的展品与书籍，更重要的是带来美的享受。

图 10.71　楼梯设计

（3）阅读空间（图 10.72）

图 10.72　阅读区域设计

阅读空间通过书柜或者展柜进行隔断，呈现半开放环境，使读者能够保留一定的私密性。这样的设计针对喜好不同、习惯不同的游客来说，是非常贴心与实用的。设计师没有漏掉任何一个可利用的空间，在楼梯的侧边角落，也被设计成阅读区域。在这里阅读的书籍大多是“上了年纪”或者贵重的馆藏资料，需要戴上雪白的手套才能翻阅。收藏馆的东边是一个传统的图书馆空间，游客在书柜和展柜之间集合。AOC为实现这一目标，消除多年来积累的习惯性分区，旨在鼓励不同层次游客的参与。

（4）隔断设计（图10.73）

图10.73　隔断设计

在阅览室的入口，一块仿黑板造型的隔断赫然映入眼帘，上面的几个动词诙谐生趣，看一眼便将人带入了学生时代。

（5）阅览室设计（图10.74）

阅览室在二楼新古典主义风格的小房间里，实木地板在这里是很重要的应用，干净，清爽，舒适，让读者以最接近自然的状态享受阅读的乐趣。交互式收藏馆可谓馆藏丰富，对于经卷、书法作品等藏品，就需要这种书桌来进行观赏、研究了。舒适、大方的长形书桌，便成了多功能的阅读工具。

在阅读区里，贴心地为读者们设计了一些多功能挂钩（图10.75），让读者可以存放衣服、包袋等小件物品。

在桌椅的一些细节方面（图10.76），如颜色搭配和纹路设计，同样契合了复古风。从细节处输送含韵，正如有句广告语所说："精致生活，从细节开始。"

图10.74　阅览室设计

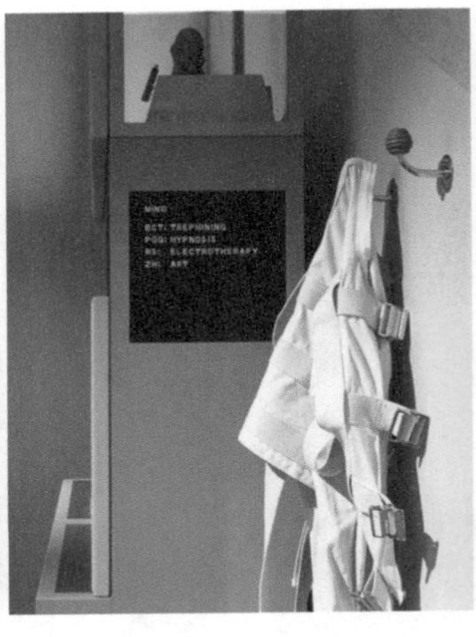

图10.75　挂钩设计

图10.76　桌椅的细节设计

参考文献

[1]陈根.图解情感化设计及案例点评.北京：化学工业出版社，2016.

[2]陈根.交互设计及经典案例点评.北京：化学工业出版社，2016.

[3]陈根.设计营销及经典案例点评.北京：化学工业出版社，2016.

[4](美)唐纳德·A.诺曼.设计心理学.梅琼译.北京：中信出版社，2010.

[5]原田玲仁，等.图解有趣的设计心理学.李汉庭译.新北：世茂出版有限公司，2009.

[6]陈根.色彩设计及经典案例点评.北京：化学工业出版社，2015.

[7]Apple Watch，https://baike.so.com/doc/7489899-7760667.html.

[8]UnlimitedHand新型虚拟现实游戏控制器，http://xifan.org/showinfo-18-752572-0.html.

[9]智能手套Gest：手势操控电脑和移动设备，打字再也无需键盘，http://www.qinawang.com/fenlei/show-7365.html.

[10]智能听诊器Eko：帮你远程记录心跳，http://www.km1818.com/life/news/514.1459477293000.2197.1160401.shtml.

[11]一组倡导慢生活的极简赏物盘，http://art.china.cn/products/2016-01/27/content_8548257.htm.

[12]缔造心中完美的音响，http://www.360doc.com/content/16/0330/20/9053594_546625996.shtml.

[13]这八款铅笔设计真是有趣但它们看起来都不太像铅笔，http://art.ifeng.com/2015/1201/2628664.shtml.

[14]Pinterest：图片分享类的社交网站，http://hao.jobbole.com/pinterest/.

[15]故宫推出高清APP《韩熙载夜宴图》很豪华很学术，http://news.cang.com/infos/201501/375853.html.

[16]发展势头大好的星巴克App，这次联手Apple Pay一起，http://appnews.cn/fzls/1302.html.

[17]乐视视频APP全球同步Apple Watch，意在做最智能视频应用，http://www.adquan.com/post-5-30310.html.

[18]BMW iDrive引领人车交互科技发展，http://newcar.xcar.com.cn/baotou/201502/news_1759964_1.html.

[19]就是这么贴心！隐藏在AIRBNB网站里的9项体验与交互设计，http://www.uisdc.com/airbnb-user-experience-interaction.

[20]床垫，请你来午睡，http://fashion.163.com/16/0416/18/BKPT7FQD00264MK3.html.

[21]这个世界有两种人，http://www.hihsh.com/37805.hshcy.

[22]在城市的每个角落遇见 Google，http://www.meihua.info/a/38042.

[23]与妈妈的肚子一起成长的怀孕日记，http://www.hihsh.com/38979.hshcy.

[24]身为一个包装，一言不合就害羞，https://www.v4.cc/News-1598181.html.

[25]“自动过期”的药物包装，https://www.xinmanduo.com/chuangxin/26474.html.

[26]百事可乐罐真长这样，我一定好好收藏，http://www.hihsh.com/47483.hshcy.

[27]便携环保的CUP.FEE咖啡套装，http://www.360doc.com/content/14/0925/17/6701143_412298081.shtml.

[28]泰国曼谷 Saatchi & Saatchi 办公室设计，http://www.gavindesign.com/bangkok-thailand-saatchi-saatchi-office-design.html.

[29]伦敦旧画廊大改造摇身一变交互式收藏馆，http://qionghai.dqiong.com/news/bencandy.php?fid=72&id=88799.

[30]书店还是服装店？ Sonia Rykiel巴黎旗舰店设计，http://www.toutiao.com/i6289551599622685185/.